经典文学名著精选丛书
学生课外阅读推荐读物

昆虫记

KUNCHONG JI

［法］ 法布尔 / 著　刘荣 / 译
余良丽 / 主编

U0255061

四川科学技术出版社

读·学·生·版·经·典·名·著

有效解决学习7大障碍提高学习能力

1 名师导读 解决阅读障碍

引出本章节的内容，提出一些疑问，点明学生阅读的重心，引导学生进行有效的阅读。

2 注音释义 解决字词障碍

在每一章的文字中，都将超出新课标要求的疑难字词进行了规范的汉语拼音标注，解决了学生阅读过程中的字词障碍。

3 名师指导 解决理解障碍

对重要情节和关键之处进行评析，解决理解障碍，并给出生僻字词释义，扫除字词障碍。

4 阅读鉴赏 解决感悟障碍

每一章节结束，配有名家对本章节的鉴赏内容，让学生更好地感悟作品精彩的情节与内在的魅力。

5 知识拓展 解决储备障碍

对作品中涉及的一些较为生僻的知识点附以小百科式的讲解，让学生在解除阅读疑惑的同时，拓展知识面，提升知识储备。

6 读后感 解决抒发障碍

在全书正文结尾部分，配有学生精彩的读后感，传达学生读完作品后的感悟以及由此引发的思考。

7 考点直击 解决练习障碍

在全书末尾，精心搜集和整理了近年来与本书相关的考试真题，便于学生有针对性地熟悉相关考点，准备相关考试。

经·典·名·著·读·什·么
——让学生受益的 4 个关键词

名著，一个既古老又流行的字眼，里面既有精彩绝伦的故事和知识，又散发着一种无形的精神力量，感染、激励着一代又一代的读者。当今青少年学生更需要名著去引导和滋养。那么，如何既让这些名著启迪学生智慧、激励学生成长，又能让学生汲取知识、兼顾学习呢？

✖ 关键词 1 ——励志

一本书中散发着的精神力量足以影响人的一生。编委会精编了这套启迪学生心性、激励学生成长的经典名著，传递宝贵的生活阅历和成长智慧。每一章节后的"阅读鉴赏"即是教育专家对书中精神内涵的总结，全书末尾的读后感更是学生读后的切身感悟。

✖ 关键词 2 ——内涵

每一本经典名著都散发着特有的文化内涵。如《老人与海》传达着一种不可打败的硬汉精神，《鲁滨孙漂流记》宣扬着一种奋斗不息、永不放弃的进取精神……书中的"名师导航"，即对全书的思想内涵进行了概述，让学生更好地把握名著精髓。

✖ 关键词 3 ——知识

学生时代是大量汲取知识、提升自我的黄金年龄段，因此，本书通过"知识拓展"让学生很容易地了解各类百科知识，拓展知识面。书末的"考题直击"收集实用性强的考点知识，让学生为考试做好充足的准备。

✖ 关键词 4 ——兴趣

兴趣是最好的老师，更能激发学生阅读的主动性。每一章节开头巧妙提示章节精彩内容，提出一些疑问，引发学生往下阅读、一探究竟的欲望。书中的插图更是将丰富的情节转化为可感的画面，激发学生的兴趣。

图书在版编目（CIP）数据

昆虫记 / (法) 法布尔著；刘荣译. — 成都：四川科学技术出版社，2017.12（2021.12重印）

ISBN 978-7-5364-8838-0

Ⅰ. ①昆… Ⅱ. ①法… ②刘… Ⅲ. ①昆虫学—青少年读物 Ⅳ. ①Q96-49

中国版本图书馆CIP数据核字(2017)第274661号

昆虫记

著　者	［法］法布尔
译　者	刘　荣
出品人	程佳月
主　编	余良丽
策划人	陈德坤
责任编辑	徐登峰　李　珉
责任出版	欧晓春
封面设计	杜雪琼
出版发行	四川科学技术出版社

成都市槐树街2号　邮政编码：610031
官方微博：http://e.weibo.com/sckjcbs
官方微信公众号：sckjcbs

成品尺寸	170mm×240mm
印　张	14　字数　200千
印　刷	大厂回族自治县德诚印务有限公司
版　次	2018年1月第1版
印　次	2021年12月第6次印刷
定　价	24.00元
书　号	ISBN 978-7-5364-8838-0

邮购：四川省成都市槐树街2号　邮政编码：610031
电话：028-87734035　电子信箱：sckjcbs@163.com

✖ 认识作者

法布尔（1823—1915），法国著名昆虫学家、动物行为学家、文学家。法布尔晚年时，《昆虫记》的成功为他赢得了"昆虫界的荷马""科学界的诗人"以及"昆虫之父"的美名，达尔文称赞他是"难以效法的观察家"。

✖ 内容梗概

《昆虫记》中所叙述的事件都来自法布尔对昆虫生活的直接观察，甚至包括某种昆虫习性的细枝末节。作者数十年间，不局限于传统的解剖和分类方法，而是直接在野外实地对法国南部普罗旺斯种类繁多的昆虫进行观察，并且将昆虫带回自己家中豢养，从而生动详尽地记录下这些小生命的体貌特征、习性、喜好、生存技巧、求偶、繁衍、蜕变和死亡等。

✖ 艺术特色

《昆虫记》是一部优秀的科普著作，也是世界公认的文学经典。其行文生动活泼，语调轻松诙谐，充满了盎然的情趣。

一、自得其乐的观察与写作成果

这部作品融作者的观察和人生感悟于一炉，其写作基调看似平平淡淡，但却无时无刻不反映出作者珍爱生命、热爱生活的情感。

二、语言朴实清新、轻松诙谐、生动活泼，充满情趣和诗意

首先是语言的整体风格。《昆虫记》整本书语言风格的最大特色是详尽细致、通俗易懂，从而使文章显得自然、亲切，具有很强的可读性。

其次是语言的生动性与形象性。在文中，随处可见法布尔运用拟人、比喻等修辞方法，生动细致地描摹昆虫的生活习性、形状，将一

个丰富多彩、妙趣横生的昆虫世界呈现在我们面前。

最后是多种文体、语言并用。作者在文中多次引用希腊神话、历史事件以及《圣经》中的典故，时而穿插着普罗旺斯语或拉丁文的诗歌，语言优美且富有诗意。

三、作品中充满感性成分

在文中，作者并不局限于仅仅真实地记录下昆虫的生活，在对昆虫的本能、习性、劳动、婚恋、繁衍、死亡的描述中，无不渗透着人文关怀，并以虫性反观人性。全书充满了作者对生命的关爱之情和对自然万物的赞美之情。正是这种对生命的尊重与热爱之情，给这部著作注入鲜活的灵魂。

✖作品影响

法布尔的科普著作《昆虫记》自出版后，誉满全球，先后被翻译成多种文字，数十种版本，横跨几个大洲，纵贯两个世纪，至今仍是一座无人逾越的丰碑，被誉为"昆虫的史诗"。

目录

延 伸 阅 读

蝉和蚂蚁的寓言

在我们的印象中，蝉是只顾夏日欢快而不管冬天凄惨的昆虫，而日日夜夜不忘劳作的蚂蚁却是勤劳的象征，但事实真是如此吗？作者下面就来为我们讲述这其中的故事！

蝉备受蚂蚁冷落的传说如同利己主义，也就是说，如同我们的世界一样，历史久远了。古雅典的孩童背着满袋无花果和油橄榄去上学时，嘴里已经像是在背书似的嘟囔这个故事："冬天到了，蚂蚁们把自己受潮的粮食搬到太阳下晒干。突然间，一只饥肠辘辘的蝉跳上前来求乞。它想讨几粒粮食。吝啬的蚂蚁们回答：'你夏日里欢唱，那冬天你就蹦跳吧。'"

17世纪法国寓言诗诗人拉·封丹有首寓言诗——《蝉和蚂蚁》：

蝉小姐歌声不歇，
送走了欢乐夏日。
当北风呼啸而起，
才发现家徒四壁。

没一条蠕虫填肚，
没一只蚊蝇充饥。
她只好去求邻居，
小蚂蚁给她救急。

"请您借我一些谷粒，

让我挨到明年夏季。

以动物的名义发誓，

八月一定还您本息。"

蚂蚁纵有千般不好，

赊借却不轻易冒失。

"大热天您都干了啥？"

这就是蚂蚁的问题。

"为所有人日夜唱歌，

这么说不怕您生气。"

"唱歌？我倒没有关系。

好吧，现在您跳舞去！"

事实否定了寓言家的无稽之谈。当然，蝉和蚂蚁之间有时候是有一些关系的，这毫无疑问，只不过，这些关系与寓言家讲给我们听的正好相反。这些关系并不是出自蝉的乞讨，它从不靠别人的帮助活下去，而是蚂蚁这个贪得无厌的剥削者，把所有可吃的东西全都搬到了自己的粮仓里。无论何时，蝉都不会跑到蚂蚁门前嚷饿，还一本正经地许诺将来连本带利一并奉还。恰恰相反，是蚂蚁饿得不行，跑去乞求蝉的。借和还从来不存在于掠夺者的习性中。蚂蚁剥削蝉，并厚颜无耻地把它洗劫一空。我们要讲讲这种洗劫，这是至今尚无人知晓的历史悬案。

七月的午后酷热难耐。成群的昆虫干渴难忍，在枯萎打蔫的花上爬来爬去，想找点水解渴，而蝉却对普遍的水荒不屑一顾。它用它那如钻头般的细嘴，在自己那永不干涸的酒窖中钻了开来。它不停地歌唱着，落在一棵小树的细

名师指导

写出了蝉夏日的悠闲与从容。

枝上，钻透那坚硬平滑、被太阳晒得汁液饱满的树皮。它从钻孔中把吸管插进去之后，便一动不动地、聚精会神地、美滋滋地沉浸在汁液和歌声的甜美之中。

如果我们多盯着它看一会儿，也许会看到一些意想不到的悲惨事情。果然，许许多多渴得不行的家伙在转悠着。它们发现了这口井，这口井因为井边渗透出的汁液而暴露了。它们一拥而上，一开始还有点小心翼翼，只是舔舔渗出来的汁液。我看见拥挤在甜蜜的井口旁的有胡蜂、苍蝇、泥蜂、金匠花金龟子，最多的是蚂蚁。个头最小的，为了靠近清泉，便从蝉的肚腹下钻过去，宽厚仁慈的蝉便抬起爪子，让这些不速之客自由通过。个头大的急得直跺脚，挤上前去，飞快地嗑上一口，退了下来，跑到旁边的树枝上兜上一圈，然后又更加大胆地返回来。不速之客们的贪心越来越大：刚才还谨小慎微的它们突然变成了一群乱哄哄的侵略者，一心要把掘井者从井边驱逐掉。在这群冲锋陷阵的强盗中，最大胆最坚决的就是蚂蚁。我看见有一些蚂蚁在咬蝉爪，还看见一些蚂蚁在扯蝉翼，趁势爬上蝉背，挠蝉的触角。一只胆大包天的蚂蚁就在我的眼前咬着蝉的吸管，并拼命地往外拽。

名师指导

生动地描写了掠夺者的狡猾和贪婪。

蝉被这帮小蚂蚁如此这般地搅扰得没了耐心，终于弃井而去。它在逃走时还向这帮劫匪撒了一泡尿。对蚂蚁来说，蝉的这种高傲的蔑视无伤大雅！反正它们的目的达到了，它们成了这口井的主人了，但是，使井冒水的泵已不再运转，井很快就干涸了。井水虽少，却很甘甜。一旦再有机会，它们还会用同样的法子再喝上几大口。

名师指导

既写出了蝉高傲的气节，又写出了蚂蚁无赖的嘴脸。

大家都看到了，事实彻底地把寓言臆想的角色给调换过来了。毫不客气、抢劫时绝不退缩的求食者是蚂蚁，而甘愿与受苦者分享甘露的能工巧匠是蝉。还有一点足以把颠倒的情况调整过来。经过五六个星期漫长的欢唱之后，歌手生命耗尽，从大树高处跌落下来。它的尸体被烈日晒干，被行人的脚踩踏。而时刻在寻找战利品的蚂蚁撞见了它，随即把这美食扯碎、肢解、弄碎，搬到自己那丰富的食物堆中去。甚至还可以看到蝉虽已奄奄一息，但翼还在灰土中颤动，可是一小队蚂蚁便拥上去从各个方向拉扯它、撕拽它。此刻的蝉伤心至极。从蚂蚁这个食肉者的习性，就不难看出这两种昆虫之间到底是什么关系了。

❖ 阅读鉴赏 ❖

寓言故事中蝉是无辜的受害者，而蚂蚁却成了剥削蝉的坏人！本文从蝉与蚂蚁的"历史定论"入手，先反驳了人们心中"蚂蚁勤劳，蝉懒惰"的臆想，之后通过细致的描写，将蚂蚁们的掠食过程刻画得栩栩如生，从而讲出了事实的真相，即蝉是心胸宽广的施舍者，而蚂蚁是卑劣而残忍的掠夺者。

这篇文章运用了对比、拟人等多种手法，生动地描述了蚂蚁掠取水源时的贪婪，"谋杀"蝉时的无情，以及蝉面对口渴的蚂蚁时的慷慨形象，道出了剥削与被剥削的真伪。作者是在写昆虫，又何尝不是在诠释人心？这篇文章告诫我们，对待任何事物都要除去外表窥其本质，才能了解到事情的真相。

❖ 知识拓展 ❖

-蚂　蚁-

蚂蚁是一种有社会性生活习性的昆虫，属于膜翅目。蚂蚁的触角有明显的膝状弯曲，腹部有一两节呈结节状，一般都没有翅膀，只有雄蚁和没有生育的雌蚁在交配时有翅膀，雌蚁交配后翅膀即脱落。蚂蚁是完全变态型的昆虫，要经过卵、幼虫、蛹三个阶段才能发育成成虫，蚂蚁在幼虫阶段没有任何能力，它们也不需要觅食，完全由工蚁喂养。工蚁刚发育为成虫的前几天，负责照顾蚁后和幼虫，然后逐渐地开始挖洞、搜集食物等较复杂的工作。

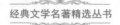

蝉的产卵和孵化

> 每逢酷暑，你是否因为没完没了的蝉鸣而心烦意乱、躁动不安？你可知道，蝉足足经历了几年暗无天日的地下生活才得以见到光明！想想看，破土而出、沐浴阳光的那一刻，除了声嘶力竭地歌唱，它们哪里还有第二种方式来表达对生命的满腔热情？蝉在枝头上绽放的生命如此短暂且来之不易，那么它们是如何繁衍的？几年的地下生活又是怎样的一番经历？就让我们跟随作者一起去探究吧。

常见的南欧熊蝉都在细细的干树枝上产卵。雷奥米尔经过仔细观察后认为，蝉栖息的那些树枝其实都是桑树枝，因为这个只负责在阿维尼翁附近收集标本的人，没有把他的研究多样化。在我周围，蝉产卵的树枝，除了桑树以外，还有桃树、樱桃树、柳树、日本女贞等。

不过，这些都很少见，蝉喜欢的是特别的东西，它尽可能地寻找最细小的枝条，从麦秸到笔杆粗细的都可以，枝条上有一层薄薄的木质，里面有丰富的木髓。只要这些条件都满足了，什么植物都无所谓。如果我想把这个产妇利用的各种支撑物都列个清单，恐怕就得把这个地区的大半木本植物都逐一回想一遍。我只举出其中的几种，说明蝉产卵的场所是多变的。

产卵的细枝绝不能卧在地上，或多或少是垂直的，一般长在树干上；偶尔也会有断枝，但必须是竖着的，枝条最好比较长、匀整而且光滑，以便能容下所有的蝉卵。我收集的植物中，蝉最喜欢的是髓质丰富的禾本科草木的枝条，还有就是长到一米多高才分枝的阿福花高高的茎。

不管是哪种植物，这个作为支撑物的植物枝条都必须是枯死的、完全干枯了的。尽管如此，我的笔记里还是记载了几次蝉在还活着的茎干上产卵的情况。这些枝条上还长着绿叶，开着鲜花。当然，在这些特殊的例子中，这些枝条本身是比较干燥的。

蝉的产卵就是一系列的穿刺工作，就像用一根大头针的针尖自上而下地斜插进树枝，撕裂木质纤维，把纤维挤出来，形成微微的突起。看到这些刺孔，不知由来的人一开始还以为是植物得了真菌病，真菌的孢子囊半露在外，胀破了枝条的表皮，形成球状的突起。

如果枝条不匀整，或者是有好几只蝉先后都在同一根枝条上产过卵，刺孔的分布就比较混乱，让人看花了眼，分不出刺孔的顺序以及是哪只蝉的卵。只有一个特征是不变的，那就是翘起的木枝条的倾斜方向表明，蝉总是沿着直线，把它的工具从上而下地穿刺进树枝。

如果枝条匀整、光滑、长度适中，那么刺孔相隔的距离几乎相等，不太偏离直线。刺孔的数目是变化的。当雌蝉产卵不太顺利，要到别处继续产卵的时候，枝条上的刺孔就比较少；如果一根枝条的一行刺孔是母蝉所有的产卵数量，那刺孔就有三四十个。即使是同样数量的刺孔，这一行刺孔的长度也是不同的。下面几个例子可以让我们知道这方面的情况：30 个刺孔，在亚麻枝条上是 28 厘米，在粉苞苣的枝条上是 30 厘米，而在阿福花枝上只有 12 厘米。

不要以为这些长度的变化取决于枝条的不同属性，相反的例子多的是，就像阿福花：在这儿给我们看的是一行靠得最紧密的刺孔，在别的情况下给我们的刺孔又是隔得最疏的。孔距取决于我们不可能明白的原因，尤其取决于雌蝉变化无常的习性，它把卵产在这多一点儿在那少一点儿，完全是随兴所至。两孔之间的距离，我测量的平均数是 8 到 10 毫米。

每个刺孔都通向一个钻在枝条髓质部分的斜斜的洞穴。

名师指导
通过枝条不匀整和匀整的对比，得出两种刺孔分布的状况。

名师指导
写出了产卵位置的变化无常，增强了文章的感染力。

这个洞穴没有任何封闭措施，产卵时被钻开的木质纤维，在蝉产卵管的双面锯开后，又重新合拢。人们最多偶然（而不是总是）会在这纤维栅栏中看到一层很薄的反光物质，就像干了的蛋白漆。这也许只是雌蝉留下来的一点点儿含蛋白的液体，也许是随卵排出的液体，抑或是为了方便双面钻孔钻头的开动。

洞穴就紧接在钻孔入口之后。洞穴是一根细细的管道，差不多占据了钻孔口到前一个洞穴钻孔口之间的所有空间。有时，洞穴的管道挨得太近，连间隔也没有，上面一层洞穴的管道和下面的管道连在一起。但是从多个钻孔口排进去的蝉卵，总是排成不间断的行列。当然，最常见的情况还是钻孔之间彼此隔开。

洞穴内蝉卵的数量变化很大。每孔不等，平均是10个。整个一次产卵的钻孔数是三四十个，那么，蝉一次要产三四百个卵。雷奥米尔在仔细观察雌蝉的卵巢后，也得到了同样的数据。

这真是个庞大的家族，能够以数量来对付许多可能发生的各种毁灭性灾难。我并不觉得成年的蝉比其他的昆虫更容易遇到危险，因为它目光敏锐，可以猛然飞起，而且飞得很快；它栖息在高处，用不着担心草地上的强盗。不错，麻雀喜欢吃蝉。它不时地暗中酝酿阴谋，从邻近的屋顶向梧桐树猛扑过去，逮住这个正在狂热嘶叫的歌唱家。确实有几次，麻雀左一口右一口地把蝉撕成了好几块，把它变成自己一窝雏儿口中美味的肉。但是麻雀经常也会空手而归！蝉在麻雀攻击之前就抢先行动，朝着袭击者撒了一泡尿，飞走了。因此，并不是麻雀迫使蝉这么多产的。蝉的危险来自别处，在产卵和孵化的时候，我们就会看到这危险有多么可怕。

蝉产卵是在出地洞两三个星期后，也就是7月中旬。虽然我家门口有天然的有利条件，但给我提供的机会过于偶然，所以为了亲眼目睹它产卵，而不是求助于偶然，我采取了一些措施，确保观察成功。通过以前的观察，我知道干枯的阿福花是蝉喜欢的产卵枝条。这种植物又长又光滑的枝条最符合我的意图。而且，在我住在这儿的头几年，我就把院子里的菊科植物换成了另一些好伺候的本地植物。其中，阿福花种植得最多，如今，它正好派上大用场。我把前一年的干枝留在原地，等合适的季节一来，我就每天监视着它们。

等待没有持续多久。7月15日起，我就如愿地发现一些蝉栖息在阿福花上产卵。产妇总是单独待着，每只雌蝉一根枝条，用不着担心会有竞争者来妨碍这复杂的接种。第一只走了，可能会有另一只来，然后还有其他的雌蝉。枝条对所有的雌蝉开放，宽敞得很。不过，轮到哪只雌蝉的时候，它都希望独自待在枝上。总之，它们之间没有任何口角，事情以最和平的方式进行。如果哪只雌蝉赶来，但枝条已经被占了，它一发现错误，就会立即飞走，去别处寻觅。

蝉产卵时总是仰着头，在别的情况下也是这种姿势。它任由我凑近观察，甚至可以在放大镜下观察，因为它完全沉浸在工作当中。那长一厘米左右的产卵管整个儿斜斜地插进枝条。这种钻孔看起来并不需要很艰难的操作，因为它的工具非常完善。我看见蝉微微扭动，腹部顶端胀大然后收缩，频频颤动，蝉就这样产卵。开动的双面钻头交替插进木质中消失，动作非常轻柔，几乎难以察觉。产卵中再没什么特别的，它一动不动，从产卵管第一次钻下去到产好卵，大概需

名师指导
将观察对象拟人化，幽默的口吻使文章充满现场感和趣味性。

名师指导
写出了蝉在选择枝条时，是多么遵守秩序。

要 10 分钟。

之后蝉有条不紊地把产卵管慢慢抽出，以免把产卵管扭弯。这个钻出来的孔会由于木质纤维的合拢而自动关闭，蝉也就沿着直线方向爬到高一点儿的地方，距离正好与它的钻孔工具一样长。在那儿，蝉重新钻孔凿穴，产下十来个卵。它就这样从下往上一级一级地产卵。

知道了这些现象，我们就能够解释蝉支配产卵的特殊的排列方式。那些钻孔口之间差不多是等距的，因为每次蝉上升的是同一个高度，大概就是产卵管的长度。蝉虽然飞得很快但行走时却非常懒惰。当人们看到它在树枝上吮吸汁液的时候，它是严肃地，可以说是郑重地迈出一步，站到旁边阳光更充沛的地点。在树枝上产卵时，蝉还是保持了它那过分审慎的习惯，甚至考虑到产卵的重要性还夸大了这一习惯。它尽可能地少移动，只要邻近的两个孔不发生重叠就行了。蝉向上爬行的距离，大致由产卵管的长度来决定。

此外，如果在一根枝条上孔钻得不多，这些钻孔口就会呈直线排列。那么，在同一根木质枝条上，蝉为什么会朝左或朝右偏呢？那是因为蝉喜欢阳光，选择的都是最容易晒到太阳的方向。只要它的背部沐浴在阳光中，就是莫大的乐趣，它不会轻易离开这个给它带来欢乐的方向，而去另一个阳光不能垂直射到的地方。

但是，在一根枝条上完成整个产卵需要很长时间。如果一个孔 10 分钟，那我偶然看到的四十来个孔洞就要六七个小时。所以在蝉完成它的工作之前，太阳的位置也会有较大的转移。在这种情况下，这根直线会转成螺旋弧线。太阳转

名师指导

用设问的形式，让文章在一问一答之间引起读者注意，启发读者思考。

动，雌蝉也绕着太阳转，它的刺孔线条就像日晷①。

有很多次，当蝉沉浸在母亲的工作之中，把卵排放好的时候，一种也长着钻孔器、很不起眼的小飞蝇，就开始干起消灭蝉卵的勾当。这是一种小蜂科昆虫，身长四五毫米，全身漆黑，节状触须末端渐粗。它的钻孔器固定在腹下近中央处，伸出来与身体中轴线成直角，位置与斑腹蝇的钻孔器差不多（斑腹蝇是几种蜜蜂的祸害）。也许这消灭蝉卵的小矮子已经被列进了昆虫学的分类词典，但是我因为忽略而没有把它抓住，至今还不知道分类学家们赏赐给了它什么名号。

我所清楚了解的，是它那不声不响的野蛮行径：尽管它就靠在这个抬抬爪子就能把它压扁的庞然大物身边，可是它却胆大包天。我曾看到3只小飞蝇同时进攻那可怜的产妇，那真是一场灾难。它们就站在蝉的脚后跟，其中一只把自己的钻孔器插进蝉卵，另外两只等待着下一窝蝉卵排出。

雌蝉刚刚在一个穴里产好了卵，爬到高一点儿的地方再去钻孔。一个强盗就赶到雌蝉离开的洞穴，就在巨虫的爪子下几乎毫无惧色地抽出它的钻孔器，刺进蝉卵的竖洞，好像是在自己家里干着值得称道的活计。它不是顺着布满碎木纤维的钻孔往里插，而是从孔边上的缝隙插进去。它的工具要慢慢地开动，因为这儿的木头几乎没有洞孔，比较坚韧。而蝉则有时间在上面一层孔洞里产下一窝卵。

一等蝉产卵结束，另一只小飞蝇，就是落在后面没捞到份儿的那位，立即占据了蝉的位置，把自己的毁灭性的种子接种到蝉卵里。当雌蝉排完卵飞走的时候，它的大部分洞穴

名师指导

形象地刻画了小飞蝇这种掠夺者的形象。

---

① 日晷（guǐ）：利用太阳投射的影子来测定时刻的装置，又称"日规"。

里都有了外族的卵。它们最终会把孔洞里的一切蝉卵都毁灭。不久，就有些蠕虫抢先孵化出来，取代蝉的后代，独占一间居室，享受一份美味的蝉卵大餐。

哦，可悲的产妇啊，你没有从几个世纪以来的经验中吸取任何教训！你的眼睛那么敏锐，这些可怕的钻探者在你身边飞来飞去准备干坏事的时候，你肯定看到了它们。你看到了，知道它们就在你脚下，可是你却无动于衷，任由它们胡作非为。转过身来吧，宽厚的庞然大物！踩死这些侏儒吧！可你不会改变自己的本能，从来不会这样做，哪怕是为了稍微改变一点儿你作为母亲身受灾难的命运！

南欧熊蝉的卵是白色的，带着象牙般的光泽，长形，两头尖得就像是微型的纺织梭。蝉卵长 2.5mm，宽 0.5mm，成行排列，彼此略有重叠。山蝉的卵要小一些，有规则地聚在一起，像微型的雪茄烟盒。我们就专门讲讲前一种蝉卵吧，它的故事会告诉我们别的蝉卵的故事。

9 月还没结束，闪着象牙光泽的蝉卵就变成麦子般的金黄了。10 月初，卵前部出现了两个明显的栗褐色小圆点，这是正在发育的微小昆虫的眼睛。这两个几乎立刻就能看东西的眼睛和圆锥形的头顶，让蝉卵看起来就像一条没有鳍的鱼，那种只适合在半个核桃壳里游泳的微型鱼。

就在同一时期，在我的小院和附近山丘上的阿福花上，我总是看到有新近孵化过蝉卵的痕迹，这都是新生儿留在家门槛的旧衣服，它们急着挪到另外一个窝。我们马上就会看到这些旧衣服意味着什么。

尽管我的探访很勤快，理应有一个好结果，我还是始终没能亲眼看着小蝉从洞穴里钻出来。我在家的饲养也没收到

好一点儿的效果。接连两年，我在适当的时机，用盒子、试管、玻璃杯收集了上百条有蝉卵的不同植物枝条，但是我没有在任何一根枝条上看到我迫切想看到的：新生蝉的出洞。

雷奥米尔也感受过同样的沮丧。他讲过他的朋友给他送来的蝉卵是怎样孵化失败的，甚至把蝉卵放在玻璃管里，再将玻璃管装在裤腰袋里暖着也没成功。哦，可敬的大师！蝉要的既不是我们工作间里温暖的庇护，也不是裤腰袋里微不足道的热量，它需要的主要刺激是太阳的亲吻，在温暖季节的最后几天，早晨冷得打哆嗦，但中午阳光骤然如火般照射，这对蝉卵来说就是秋天里绝美的一天。

就是在这类似的条件下——白天强烈的阳光和夜晚的寒冷形成巨大反差，我发现了蝉卵孵化的迹象。但是我总是去迟了，小蝉已经飞走了。充其量也只是偶尔碰到一只幼蝉被一根丝挂在出生的枝条上，在空中挣扎，想来是被蜘蛛网缠住了。

10月27日，我已经对成功不抱希望了，但我还是把小院里的阿福花收集回来，将一捆有蝉卵的干枝条安放在工作间里。在彻底放弃之前，我本想再观察一次孔穴和孔穴里的蝉卵。那天早晨很冷，冬天里的第一堆火已经燃起来了。我把那一捆枝条放在炉子前的椅子上，根本没有想过要试一试炉火的热度是否会对那些蝉卵产生效果。刚被掰下来的一根一根的枝条就这么随意地放在我触手可及的地方，我也没有什么其他动机把它们放在这里。

我本不再抱希望能看到蝉卵的孵化，然而，当我把放大镜移到一根断枝上去的时候，突然奇迹就在我身边发生了！我收集的树枝上有居民居住了，小幼虫十来个十来个地从孔穴里冒出来。数量如此之多，使我这观察家的野心大大得到了满足。那蝉卵正好成熟了，而火炉里的旺火又强烈地暖着它们，产生了露天里阳光照射的效果。我们赶快抓住这意外的机会吧！

在被撕裂的木质纤维中，一个圆锥形的小微粒出现在钻孔中。这个小微粒上有两颗又大又圆的黑点。这肯定是卵的前部，我刚才说过它的外形就像小鱼身体的前面一部分。看起来，蝉卵就是从孔道深处移到孔道口的。但是，一只卵在狭窄的地道里运动！一个胚胎在走动！这是不可能的，从来没有这样的事。我产生了错觉。我把枝条劈开，秘密就揭开了。真正的卵壳，并没有移动位置，而是略为混乱地连在一起。卵壳是空的，变成了一个透明的袋子，卵壳的前端已经被大大地钻开了，从卵壳里出来了一个奇特的生物。下面就说说这个出来的生物最显著的特点。

小家伙的头形和黑眼睛让它看起来比卵更像一条小鱼，它腹部上的鳍状物更突出了这种相似。这种类似桨的鳍状物从前腿延伸出来，而它的两只前腿被套在一个特别的外套里，只能放到身体后部，伸直并拢。这鳍状物能微微活动，大概有助于它从卵壳里出来，还帮助它从更困难的木质地道里出来。小家伙利用已经很有力的尾钩前进，而那两条前腿稍稍离开肢体，又重新靠拢，像杠杆一样一起一落，在前进时给它以支撑。其他四条腿还包在同一个套子里，一点儿生气也没有，透过放大镜勉强看到的触须也是如此。概括起来，从蝉卵里出来的小家伙就像一只小船，两只前腿连在一起，在腹部形成一只朝后的单桨。它的体节尤其是腹部上的体节，非常清楚。此外，它的整个身体极其光滑，没有一丝绒毛。

蝉的最初形态，如此奇特，如此出人意料，至今还没有人猜到，给它起个什么名字呢？是不是要把一些希腊字母组合一下，拼出一个令人憎恶的名字来？我不会这么做，而且深信那些野蛮的术语对科学来说，是些占用空间的杂草荆棘。我就只称之为原始幼虫，就像对待芜菁、斑腹蝇和卵蜂一样。

蝉的原始幼虫形状非常适合出洞。孵化时钻出来的小道非常窄，只勉强够一只爬出来。而且，蝉卵虽然是成行排列的，但不是头尾相接，而是部分重叠在一起。所以，从这行蝉卵最远的地方孵化出来的小生物就不得不穿过前面已经孵化过的卵留在原地的破外套，而且在这个狭窄的通道里还拥塞着剩下的空卵壳。

在这样的条件下，如果原始幼虫马上撕裂临时外套，变成幼虫，那么幼虫很可能越不过那困难重重的行列。它的触须碍事，长长的腿展开来后离身体的中轴线很远，弯弯的钩尖沿途会钩住东西，这一切会妨碍它迅速得到解放。一个洞穴里的卵几乎同时孵化，前面的新生儿必须尽快搬家，好给后来者留下自由的通道。这就需要新生儿有光滑、没有任何突起的船体形状，能够像个楔子一样钻出来，溜到外面。原始幼虫身体的各个部件都包在同一个外套里，紧贴着肢体，像个梭子，并且还有一枝单桨能够微微活动，这些都使得它担负了穿过阻碍重重的通道来到洞外的任务。

这任务很紧迫，必须在短时间内完成。现在，一只迁居者露出了长着圆眼睛的脑袋，把钻开的碎木纤维稍稍顶开。它前进的动作极其缓慢，用放大镜都难以察觉到。它越钻越突出，起码要半个钟头后，这个船形生物才整个儿出来，但

● 名师指导
　　传神地表达出作者对呆板的科学术语的厌恶。

尾端还挂在钻孔口内。

出了洞口，原始幼虫行进时的外套马上就裂开了，小生物从前到后把皮蜕下，这时候才变成了普通的幼虫。幼虫脱去的外套像丝线一样悬着，丝线自由的末端像个铲斗一样张开。幼虫的腹部就嵌在铲斗里，幼虫在落地前，要在这儿沐浴阳光，强壮身体，蹬蹬双腿，试试力气，系着安全带懒洋洋地摇晃着。

这个小跳蚤一样的虫子，正是以后要挖土掘地的蝉的幼虫。它一开始是白色的，然后变成琥珀色。幼虫的触须比较长，灵活地摆动着；腿的关节也活动了；前腿的爪子张合自如，比较粗壮。它靠后腿悬挂着整个身体，一有微风就摇晃起来，准备在空中翻个跟头降落世间。我没见过比这小小的体操家更奇特的表演了。幼虫悬在枝上的时间长短不一。有的半个小时左右就落地，有的要在这带柄的铲斗里挂上好几个小时，还有的甚至要等到第二天。

不管落地是迟是早，幼虫落地之后，它的悬挂安全带，也就是原始幼虫的外套，都还留在原地。当一个洞穴里的所有蝉卵都孵化以后，洞穴口就这样被一大把丝线盖住了。这些丝线又短又细，弯弯曲曲，皱皱巴巴，就像干了的蛋清。每根丝线自由的一端都散开成斗状。这细微的褶皱，转瞬即逝，一碰就不见了。一丝微风很快就会把它们吹散。

还是回到幼虫身上吧。幼虫或迟或早都会落到地上，有时是偶然，有时是自己努力。这个虚弱的小东西，比一只跳蚤大不了多少，新生的肌肤柔嫩无比：它已经借着安全带做好了抵抗坚硬泥土的准备。它在这软软的被絮中养壮了，现在要投入严酷的生活中了。

我可以预感到有无数的危险在等着它。微风会把这个不起眼的小颗粒卷到坚硬的岩石上、车辙的积水中、不毛的沙地里，或者是硬得钻不下去的黏土地上。这种足以令它致命的地方多的是，而在十月末这个寒冷多风的季节里，吹散一切的风也刮得很频繁。

这个脆弱的生命需要一块非常松软的土地，容易钻入，以便马上藏身在土中。天气渐渐冷起来，霜冻就要来了，再在地面游逛就会有死亡的危险。它得马上钻到土里去，钻得深深的，这个能拯救它的唯一而迫切的方法，在很多情况下都不能做到。这个跳蚤的小爪子在石头、沙子、坚硬的黏土上能有什么作为呢？如果不及时找到地下避难所，它很快就会死去。

正如众人所承认的，因为有无数的险恶存在，幼虫出生后的第一个住所，是蝉的家族高死亡率的一个因素。摧残蝉卵的黑色寄生虫已经向我们解释了蝉多产的必要性。如今，寻找第一个落脚点如此困难，又向我们说明，如果要将种族保持在恰当的数量，每只雌蝉就必须产下三四百只卵。因为被消灭得多，所以蝉卵也产得多，蝉就以多产的卵巢来对付无数的灾祸。

为了做剩下的实验，我得尽量为幼虫减少寻找第一个住处的困难。我选择了灌木叶的腐蚀土，这种土很软、很黑，我还用细筛筛过。如果我想了解事情的发展，这深颜色的土可以让我很容易找到那金黄的小生命，土的柔软也会适合它脆弱的爪钩。我把土放在玻璃花瓶里夯得松松的，在土里种了一丛百里香，撒了几粒麦种。花瓶底没有洞，尽管百里香和麦子的生长需要有孔，但是关在里面的囚徒一找到口子，肯定会逃走。植物没有排水孔会死，但我至少得保证能够凭着耐心，借助放大镜重新找到我的小虫子。再说，我会很少给植物浇水，只要能让植物不死就行。

一切都安排好了。麦种开始展开第一片叶子的时候，我把 6 只蝉的幼虫放在土面上。这些虚弱的小家伙在泥层上大步地走着，快速地探索着，有几只试着往花瓶内壁上爬，但没能爬上去。没有一只幼虫显出想钻进土里的意思，我不禁焦急地思考它们这么活跃，这么长时间逡巡的目的是什么。两个小时过去了，游逛还没有停下来。

它们想要什么？食物吗？我给了它们几个刚长出根须的小鳞茎、几片断叶和一些新鲜草梗。可是没什么能引诱住它们，也没什么能让它们安静下来，看起来，它们想在钻进土里之前选择一个有利地点。在一块我精心给它们安排的土地上，犹豫不决地探索是没用的，因为我觉得笼里的地表非常适合它们干着我期待的工作，但这似乎还不够。

在自然条件下，幼虫在周围巡回一圈可能是必不可少的。我的灌木叶腐蚀土清除了所有硬物，还细细地筛过，这样的地方在自然条件下是很少见的；相反，那种它们的小爪子无法凿进的粗糙土地倒是常见得很，所以幼虫得四处游荡，在找到有利地点之前多多少少跋涉一番。毫无疑问，有很多幼虫在这种毫无成效的寻觅中因筋疲力尽而死去了。所以，在几拇指宽的地方来回探索，就成了小蝉训练课程中的一部分。在装备豪华的玻璃瓶里，这种跋涉是没有用的，但它们才不管这些，还是根据约定俗成的仪式完成朝圣。

终于，我的流浪儿们静下来了。我看见它们用前腿的弯钩在地面凿着，把土挖出来，掘个洞，就像是用很粗的针尖

名师指导
表现了幼虫对于孵化工作的虔诚与执着。

掘的洞一样。借助放大镜，我看见它们挥动着小小的爪子，就像挥动着锄头，把一小块土耙到地面。几分钟后，一个小土穴微微打开了。小家伙们钻了进去，埋入土中，从此再也看不见了。

第二天，我把花瓶里的泥土都倒了出来，但并没有把土块弄碎，这是因为百里香和麦子根须的固定作用。我发现所有的幼虫都到了瓶底，被玻璃挡住了。在二十四小时之内，它们就穿过了大约10厘米厚的土层。如果没有瓶底挡着，它们可能会钻得更深。

一路上，它们大概已经碰到过我栽种的植物的根须了。它们有没有停下来，把吸管插进去稍微吃点儿食物呢？似乎不大可能，在我的空花瓶底，也有几根根须蔓延到那儿。但是我的6个囚犯没一个待在那上面，不过也有可能在我翻倒花瓶的时候把它们摇下来了。

显然，在地下，它们只能靠植物根的汁液为食。无论是成虫还是幼虫，蝉都是靠植物养活的。成虫吸着树枝上的汁液，幼虫则吮着根上的汁液。但是它从什么时候开始汲取第一口的呢？我还不知道。这之前的实验告诉我们，刚孵出的幼虫更着急钻到泥土深处，似乎是躲避迫在眉睫的严寒，而不是驻留在一路上碰到的甘泉里畅饮。

我把土块重新安放好，那6个掘土工又一次被我放在土面上。马上，土穴又挖好了，幼虫消失在土穴里。最后，花瓶被我放到工作间的窗台上，在那儿，外面的天气无论好坏，都不会影响到它们。

一个月过去了，11月底，我又一次去察看。在土块底，小蝉一个个单独蜷缩着。它们没有附在根须上，外貌和个头都没变化。我原来看见它们什么样子，现在还是那个样子，只是更没活力了。十一月是严冬中最温暖的一个月，可是它们在这个月中都没有生长，难道这意味着它们整个冬天什么食物都不吃？

名师指导

启发读者思考，引起大家的阅读兴趣，从而引出下文。

另一种小昆虫西塔尔芫菁，一出卵就钻到条缝的地道里，大家聚在一起，一动不动地，在完全的禁食中熬过恶劣的季节。这些蝉的幼虫看起来也是这样，一旦钻到用不着害怕霜冻的地下，它们就孤孤单单地在过冬营地里昏睡，等着春天来临，再把吸管插进身边的树根，开始吃它们的第一顿点心。

我曾经想用观察到的事实，来证明前面观测结果做的推断，但是没有成功。四月，春回大地，我第三次把那丛百里香翻过来，把土块捣碎，在放大镜下仔细地检查着，这简直就像在一堆稻草秸里找一根针。不过，最终我找到了小蝉。它们已经死了，也许是因为太冷，尽管我在花瓶上扣了个钟形罩，也许是饿了，百里香不对它们的胃口。我放弃解决这个太难的问题。

名师指导

形象地说明了观察的难度，表现了作者的认真仔细。

要成功进行类似的饲养，需要一层又宽又厚的土壤来躲避严寒的冬天。在不知道幼虫喜欢什么植物的情况下，植物必须多种多样，好让幼虫根据它们的喜好进行选择。这些条件并不是做不到，但是，在这么一小把黑色的腐蚀土中，我已经花了那么大的功夫来找这小颗粒般的幼虫，那么在起码一立方米的庞大土堆中，我怎么找到这个小家伙呢？而且，这么辛苦的挖掘肯定会把这个小家伙从营养根上剥离下来的。

蝉在地下的初期生活，避开了我们的观察。我们对已经发育得很好的幼虫也不是很了解。在田野里劳作时，经常会

023

碰到那强壮的掘土工就在铲子下的泥土深处，但是，如果要突然逮着它附着在树根上，确定它以根汁为食，那又完全是另外一回事了。翻地时泥土的震动会警告它有危险，它会抽出吸管，退到某个地道里去；如果把土拨开让它露在外面，它就不再吮吸汁液了。

但是，虽然农民的挖掘不可避免地要惊扰幼虫，不能让我们了解它们地下生活的习性，但至少可以告诉我们幼虫的生活期。几个好心的农夫，在三月深耕的时候，总会乐意把他们挖到的大小幼蝉全都给我捡回来。这样我收集到了几百只幼蝉，根据明显的体型差异，可以分成三类：大的，有翅膀的雏形，就像幼虫从地洞里钻出来时一样；中等的；小的。各个不同大小等级的幼蝉应该对应着不同的年龄。如果加上才孵出的幼虫——我的那些农民朋友肯定发现不了这些小生物，那么我们就推算出南欧熊蝉在地下大概的时间是4年。

蝉在空中的生活期估算起来就容易多了。接近夏至，我听到第一声歌唱。一个月后，音乐会达到高潮，少见的几只迟到者，到9月中旬还在细声细气地独唱，这是音乐会该结束的时候了。因为蝉出地洞并不都在同一时刻，那么，很显然，这些9月的歌唱家并不和那些夏至时的演奏家同时登场。取首尾两个日期的平均数，我们可以知道蝉在空中的生活时间大概是5个星期。

4年地下的艰苦工作，换来一个月阳光下的欢唱，这就是蝉的生命。不要再责备成年的蝉狂热地高唱凯歌了吧。它在黑暗中待了4年，穿着皱巴巴的肮脏外套，用镐尖挖着泥土；如今这个满身泥浆的挖掘工突然换上了高雅的服饰，长着堪与飞鸟媲美的翅膀，沐浴在温暖的阳光下，陶醉在这个世界的欢乐中。为了庆祝这得之不易而又如此短暂的幸福，歌唱得再响亮也不足以表达它的快乐啊！

❖ 阅读鉴赏 ❖

　　作者通过几年时间的耐心观察、多番研究，为我们详细讲述了蝉的繁衍以及蝉幼虫早期的生命形态和变化特征。文中多处拟人化的描述，加之比喻、抒情，语言生动、形象、传神，笔触细腻又饱含感情，让我们看到了作者对昆虫、对大自然、对生命的热爱。在他的笔下，蝉不再只是一只小小的昆虫，它不仅懂得保护后代的繁衍，而且能够忍受地下 4 年的黑暗，哪怕只有一个多月的生命，它也倍加珍惜，为生命快乐高歌。不得不说，它代表的是所有鲜活而富有热情的生命！

❖ 知识拓展 ❖

-蝉的意象-

　　蝉在中国古代是复活和永生的象征，这个含义来源于它的生命周期：它由最初的幼虫，到后来成为蝉蛹，最后变为飞虫。蝉的幼虫形象始见于商代的青铜器上，从周朝后期到汉代的葬礼中，人们总把一个玉蝉放入死者口中以求庇护和永生。由于人们认为蝉以露水为食，因此它又是纯洁的象征。

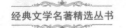
粪金龟的三大本领

粪金龟，在常人眼中就是成天追脏逐臭，与粪堆为伴，以粪便为食，生命中最大的乐趣就是推粪球的自甘堕落的小昆虫。它还能有什么与众不同的本领呢？要知道，粪金龟的三大本领确实不容小觑呢！如若不信，那就跟随法布尔去证实一下吧！

粪金龟能够以成虫的形态轮回一年，在春天的宴会上被子女们围在中间，还能将自己的家庭成员翻上一两番，这在昆虫世界里确实是无出其右的。蜜蜂这种本能杰出的昆虫，一旦把蜜罐装满就一命呜呼了；蝴蝶也是数一数二的杰出人物，不过它不是本能杰出，而是打扮出色，在合适的地方固定好成团的卵后，它也就死去了；披挂着厚厚的护胸甲的步甲虫把后代的胚胎撒在碎石下以后，就再也支持不住了。

其他昆虫也基本这样。除了群居昆虫以外，群居昆虫的母亲要么能独自生存下来，要么是在仆人的服侍下延续生命。昆虫从一生下来，就成了无父无母的孤儿是普遍的规律。但是，因为某种出人意料的变化，这些低下的滚粪球工，躲过了扼杀大批高贵者的严峻法则。粪金龟，尽情地过着日子，最后变成高龄的元老。

和粪金龟待在一起，真是美好的时光！当其他小生命稀稀拉拉的时候，它们却数不胜数，尤其是那些小个子。我记得在一个粪堆下就蠕动着成千上万的粪金龟。那么一大堆，简直可以用小铲子收集。

5月一到，处理垃圾的昆虫就占了绝大多数。七八月来临，田野里的一切生命活动在令人头晕眼花的高温下都停止了，大部分昆虫都待在地下，一动不动，而这些开发肮脏粪料的昆虫们却一直在工作着，它们和同时期的昆虫——蝉，几乎象征了炎热日子里的唯一活力。

粪金龟这么常见（至少在我的家乡是这样），难道成虫的长寿不算个原因吗？我想是的。当别的昆虫被决定了只能一代接一代地在美好的季节里欢腾，它们却能父亲挨着儿子、女儿傍着母亲，参加宴会。再加上多产，所以它们能一再出现。

再说，考虑到它们做出的贡献，它们也确实配得上这么长的寿命。没有一种公共卫生工作，可以在最短的时间内，把所有腐烂物质消灭干净。巴黎至今还没有解决可怕的垃圾问题，这早晚要成为那座特大城市生死攸关的问题。还有人在想，会不会有一天，城中心的光明都会被泥土中饱和的腐烂物散发的臭气给熏灭了？那几百万人口的城市，倾其财力智力，都不能解决的，在那小小的村庄，却用不着花钱，甚至不用操心就办到了。

大自然为乡村的清洁花费了大量心思，但对城市的清洁工作，即使在没有恶意的时候，也是漠不关心的。大自然给田野创造了两种清洁工，没有什么困难能让这些清洁工厌烦、气馁。第一种清洁工包括苍蝇、葬尸虫、皮蠹（dù）、食尸虫类、阎虫科，它们被指派来解剖尸体。它们把尸体分割切碎，在胃里把死尸的残骸细细研磨之后再吸收。

一只鼹鼠被耕作农具划开了肚皮，已经发紫的内脏弄脏了田间小道；一条躺在草地上的游蛇被过路的人踩死，而这个笨蛋还以为做了件大好事呢；一只还没长毛的雏鸟从窝里掉了出来，摔在托着它的大树脚下，可怜地变成了肉饼；还有成千上万类似的残骸，出现在各个角落，分散在四处。如果没谁去清理它们，它们腐烂后散发的臭气就很有害。不过不要担心，只要哪儿出现一具显眼的尸体，小小的收尸工马上就赶到了。它们处理尸体，挖空肉质，把尸体吃得只剩下骨头，或者至少也会把尸体变成风干的木乃伊。不到一天，死亡的鼹鼠、游蛇、雏鸟就都不见了，这儿的环境卫生状况令人满意。

第二种清洁工，干起活儿来同样热情高涨。城市里用来减轻我们负担的氨气刺鼻的厕所，乡村里几乎见不到。当农民想一个人待一会儿的时候，随便一堵矮墙、一排篱笆或一丛荆棘，就是他需要的安静场所。用不着多说，在这种无拘无束的场合，您会撞见什么？苔藓花、厚厚的青苔、一簇簇的长生草和其他美丽的东西装点着久经风雨的石堆，吸引您走过去，来到看起来是一垛给葡萄培土的墙跟前。好家伙！在装饰那么美丽的掩蔽的墙脚一带，您看到有一大摊可怕的东西！您拔腿就跑，什么苔藓、青苔、长生草，都吸引不了您。不过，您明天再来，就会看到那摊东西不见了，那个地方干干净净。因为，粪金龟已经到过这儿。

对这些勇敢的小家伙来说，防止那些一再出现的有碍观瞻的场面被人们撞见，仅仅是最次要的职责，还有更崇高的使命落到它们身上。科学向我们证明，人类最可怕的灾难，都能在微生物中找到原因。这些微生物，与霉菌相近，位于植物界最边缘。这些可怕的病原菌在流行病传播期间，在动物的排泄物中成千上万数不胜数地繁殖，它们污染空气和水源，这些都是生命的第一粮食；它们散布在人的衣服、被褥和食品上，把传染病传播开去。所有染上病菌的东西，都得用火烧掉，用腐蚀剂消毒杀菌，埋到土里。

为了小心谨慎，连垃圾也绝不能积留在地面。垃圾是无害还是有害？虽然对这个问题人们还有怀疑，但最好还是让垃圾消失。对此古代的贤人似乎早就明白，他们所处的年代，远远早于微生物告诉我们保持谨慎是多么必要的年代。在这方面，东方人早就知道一些明确的法则。

法国外省的农民不会为卫生问题发愁，他们根本不知道会有这方面的灾难。多亏了有粪金龟在那儿工作，人一离开，粪金龟就挖好一口井，把那些恶臭物一股脑儿滚进去，再不会产生危害。这些掩埋的工作，对田野里的环境卫生意义重大。而我们，则是这种持之以恒的净化工作的主要受益者。但我们给这些忘我的工作者的，差不多就是轻蔑的一瞥，还用俗语给它们加上种种难听的名字。做好事的背骂名、受歧视、挨石头砸、被脚跟踩，这好像成了一条规律。蟾蜍、蝙蝠、刺猬、猫头鹰，还有别的一些帮助我们的动物，都证明了这条规律，它们为我们做贡献，可要求我们的只是一点点儿宽容。

垃圾被人不知羞耻地摊在阳光下，而在保护我们免受垃圾危害的卫士当中，我们家乡最著名的是粪金龟。这倒并不是因为它们比别的埋粪工更勤快，而是因为它们的身板能让它们干最重的活儿，而且，当它们需要简单地恢复一下体力的时候，它们就喜欢针对那些最令我们害怕的东西下手。

我家附近，有4种粪金龟从事这项开发工作。其中两种（突变粪金龟和野生粪金龟）比较少见，最好不要把它们列作跟踪研究的对象；另两种（粪生粪金龟和伪善粪金龟）就恰好相反，常见得多。这两种常见的粪金龟，背上都是乌黑的，胸前穿着华丽的衣服。大大出人意料的是，在这些被指派来掏粪的昆虫身上，居然佩戴着这么美丽的首饰。粪生粪金龟脸部的下方，像紫水晶一样光彩夺目，而伪善粪金龟则用黄铜矿的灿烂光芒大肆装点，它俩就是我饲养笼里的食客。

我们先问问它们干起这埋粪的活儿来有多大的本事。这两种粪金龟混养在一起，有12只。笼子里的食物在这之前都是没有限制的，这一回，我预先把剩余的食物清扫干净，想算算一只粪金龟一顿能埋多少东西。将近黄昏，一头骡子从我门前经过，排出一大堆粪便，我把这堆粪便全都给了我的囚徒们，这堆粪便够多的了，差不多装了一筐子。

第二天早上，这一堆骡粪全都消失在地下，除了一些屑末，地面上什么都没有。这样，我就可以做个大致的估算：假设这个工作分成12等份，那么笼子里的每只粪金龟就往地下储藏了差不多一立方分米的粪料。想想它们那平凡的身材，还要挖掘仓库，把收集的战利品运到地下去，这简直是泰坦神 ① 干的活儿，而且是在一夜之间干完的！

储备了这么多的食物，它们是不是会守着宝藏安安静静地待在地下呢？根本没那回事儿！这正是大好时光呢！黄昏到了，宁静而温馨，这是大飞跃、齐欢唱的时刻，也是外出觅食的时刻。牧群刚从大路上经过，我的食客们也抛开地窖，重新爬到地面上来。我听到它们簌簌地动着，爬上栅栏，冒冒失

---

① 泰坦神：泰坦或提坦，是希腊神话中曾统治世界的古老的神族，这个家族是天穹之神乌拉诺斯和大地女神盖亚的子女，他们曾统治世界，但被宙斯家族推翻并取代。泰坦神共12位。

失地撞到壁板上，我早就料到了这黄昏时的活跃。我白天就已经收集了和昨天一样多的食物，这时就喂给它们。夜里，这些粪料又没了，第二天，笼子里又干干净净的了。只要是天气好的傍晚，如果我手头总有东西来满足这些贪得无厌的攒财迷，那它们就会这样无止境地持续下去。

不管食物有多么丰富，粪金龟都会在日落时离开它已经收集到的食品，借着夕阳的微光嬉戏，开始寻觅新的开发场地。也许，对它来说，得到的并不算什么，只有未得到的东西才是有价值的。那么，它在每个黄昏的好时光里更新的仓库，到底是用来做什么的呢？很显然，这些粪生昆虫一夜之间不可能消耗这么多的粮食。它家里的食物多得不知道派什么用处好。它的家中装满财富，却从不会利用，而且，这个囤积居奇的虫子并不满足于爆满的仓库，还是每晚出去奔波劳累，往仓库里运更多的东西。

粪金龟的粮仓建得四处都是，它随便碰上哪个，都可以从中提取一点儿作为当天的饭食，剩下的就扔掉；而那剩下的，也几乎与未用的粪料差不多。我笼中饲养的情况证明，它作为掩埋工的本能，比它作为消费者的胃口来得更急需。笼子里的土迅速地增高，我不得不时时把水平线拉回到需要的界限，如果把土挖开，就会看到土下塞满了堆积的粪料，厚厚的，没有动过。开始的泥土，现在已经变成土粪难分的团块，如果我不想以后的观察搞不清楚，就得进行大幅度的清理。

要把那一部分粪料分出来，总会有误差，不是多了就是少了，在某些地方不可避免地和正确的测量结果有点儿出入，但从我的研究来看，有一点是很清楚的：粪金龟是狂热的埋粪工，它们搬到地下去的东西远远超出了它们的消费需求。有一大群大小不一的合作者在完成这种劳动量不同的工作，那么，很显然，土地的净化会收到很大的成效，我们也会庆幸有这么一支协同作战的军队在为公共卫生出力效劳。

而且，植物以及以植物为食的大批生命，都会从这种掩埋中受益。粪金龟埋到地下、第二天就扔掉的东西，并没有失去价值，远远没有。在世界的收支结算单上，没有东西会损耗掉，清单的总量是永恒不变的。昆虫埋下去的一小块软软的粪料，日后这附近的一簇禾本植物会因此而长得茂密葱绿。一只绵羊经过这儿，吃掉这束青草，那由此而增加的羊腿肉不是人类所期望的吗？粪金龟所从事的工作最终会给我们带来餐桌上的一块美味的肉。

我们的坏习惯是要所有的东西都给我们带来利益，那么，粪金龟的工作已经是很了不起的了。如果我们的思考能摆脱这种狭隘的观点那该多好。在一连串错综复杂的生命中，要一一列举那些直接或间接参与了对我们有益的工作的生命，这是不可能的。我看见黄莺用它的巢装饰着遭风雨烈日侵蚀的简陋茅屋的门楣，某种蓑蛾属的毛虫把蛾衣像鳞片一样镶嵌在破败的小茅屋上，小小的鳃角金龟吃着禾本植物的花药，小象虫把成熟的种子变成幼虫的摇篮，成群的蚜虫在叶子下安家，蚂蚁则爬到这群蚜虫的触须上酣畅地饮着。

就列举这么多吧，这种列举是没完没了的。整个世界都从粪金龟、埋粪虫的工作中受益。首先是植物，接着是利用植物的这个小世界，很小的世界。如果您要这么认为的话，但毕竟这是个不能忽略的世界。正是这些微不足道的生物构成了生命的大积分，就像数学积分是由无数个接近零的量组成的一样。

这种农业化学告诉我们，要更好地利用畜棚里的肥料，最好是尽可能地在肥料还新鲜的时候把它埋起来。如果肥料给雨水浸、被空气蒸，就会没有肥力，失去其中的有效成分。这个具有重大意义的农艺学真理，粪金龟和它的同行可是知道得清清楚楚。在它们干埋粪活儿的时候，它们挑选的总是新鲜的粪料，那时生产的粪料，饱含着丰富的钾、氮、磷，它们对这些肥料埋得非常起劲；而那在太阳下晒得发硬的东西，暴露在空气中太久，已经不再那么肥沃，它们就不屑一顾。没有价值的残渣，它们是不理睬的。对别的生命来说，这种粪料也是很没有用处的。

我们已经知道粪金龟是清洁工和肥料收集工。粪金龟第三点要展现给我们的是，它们也是敏锐的气象学家。可以确信，在乡间，傍晚的时候，如果有很多粪金龟飞出来，忙忙碌碌地在清理地面，这就是第二天天气好的信号。这种简单的预兆有价值吗？我笼子里饲养的粪金龟会告诉我们。整个秋天，它们筑巢做窝的季节，我都仔细观察我的这些食客，记录下它们前一天夜晚的情形，再记录下第二天的天气。在我的气象实验室里，没有用温度计和气压表，也没有使用任何科学设备，有的只是我个人的感受。

粪金龟只在太阳下山之后才离开洞穴。如果空气沉静，温度很高，在傍晚最后的微明之中，它们就四处流浪、嗡嗡地低飞着，寻找白天的生命给它们准备的盛宴。如果找到了合适的，它们就猛扑上去，有时会因为冲得过急，没有控制好，摔个趔趄。它们钻到新发现的东西下面，然后夜里大部分时间都在掩埋它。就这样，一夜工夫，田里的污秽东西就消失了。

这种净化工作有一个必不可少的条件：空气要很宁静，很热。如果下雨，粪金龟就不会挪窝。它们在地下有足够的粮食，足以对付长时间的失业。如果很冷，刮着北风，它们也不会出来。在这两种情况下，我饲养笼里的土面上都是空荡荡的，撇开强制的休闲时间，我们只能考虑那些大气状况适合它们出门的晚上，或者至少是在我看来是适合的晚上。

第一种情况，美妙的夜晚。粪金龟在笼子里骚动不安，不耐烦地想赶去服它们黄昏时的劳役。第二天，天气很好，这个预兆非常简单，今天的好天气是昨夜的继续。如果粪金龟没有知道得更多，那么它们就不大配得上这种声誉。不过在下结论之前，我们还是继续实验吧。

第二种情况，还是美丽的晚上。从对天空情形的辨认，我根据经验认为第二天将是个好天气。但粪金龟们却意见相左，它们没有出来。我们两者谁会对呢，人还是粪金龟？是粪金龟，它那灵敏的感觉预感到了暴雨。确实，夜里，雨突然而来，还延长到了白天。

第三种情况，天空乌云密布。中午的风把云都堆积起来了，这风会给我们带来雨吗？我想会，从天空的情形看的确是这样。但是粪金龟在飞，在笼子里嗡嗡地响。它们的预言很对，而我又上当了。即将来临的雨消失了，第

二天，太阳光芒四射地升起。

空气中的气压看起来对它们的影响特别大，在那些又热又闷、酝酿着风暴的晚上，我看见它们比往常要焦躁不安得多，第二天就有阵阵猛烈的雷声在咆哮。

这样，我持续了3个月的观察就可以做总结了。不管天气状况如何，晴朗还是多云，粪金龟都是以在黄昏时候的繁忙或焦躁来预示好天气或暴风雨。它们是活的气压表，也许在类似的情况下，它们比物理学家们的气压表还要值得信任。这种细致的生命感触力要胜过水银柱剧烈的刻度变化。

最后，如果情况允许的话，我想引述一个绝对能带来新信息的事实。1894年9月12日、13日、14日，我笼子里的粪金龟处在一种反常的骚动之中，我在此之前没有见到过它们这样活跃，在此之后也没有再见到过。它们像疯了一样爬到栅栏上，每时每刻都在飞跃，又马上撞到挡板上，栽了个跟头。它们这样焦躁不安地来来往往，一直到深夜，十分反常。笼子外面的邻居，几只自由的粪金龟，也在我家的门前奔忙着，与笼中的嘈杂相呼应。发生了什么事，会引起这种怪事，把我笼子里的粪金龟弄得这样骚动呢？

那是那个季节特别热的几天，之后，中午来风了，雨近在咫尺。14日晚上，断断续续的乌云不停地跑到月亮前面，那情景真是壮观。几个小时以前，粪金龟还像疯了一样骚动着。14日到15日的夜里，它们安静下来了。没有一丝风，天空是灰灰的，雨垂直地落下来，就这么单调地绵绵下着，令人发愁，这雨就好像永远不会停止一样。确实，这雨到18日才停下来。

粪金龟从12日就忙碌起来了。它们预感到了这洪荒一样的大雨吗？表面看起来是的。但是，在雨快来的时候，它们没有像往常一样离开地洞。那么，应该有特殊的事情让它们如此激动。

报纸给我揭开了谜底：12日那天，法国北部发生了闻所未闻的飓风。气压极度下降，造成了风暴，在我的家乡也有回应，所以粪金龟们以极度的不安做信号，预示那强烈的混乱状态。如果我能早点儿了解它们，那么它们在

报纸之前就已经告诉了我这场飓风。这只是简单的偶合呢，还是因果关系？没有大量的资料可以证明，我们还是在这个疑问号上结束吧。

❖ 阅读鉴赏 ❖

文章描写了作者观察到的粪金龟的三大本领，语言平实质朴，无论是对粪金龟劳动场面的细节描写，还是针对天气的环境描写，都详尽、准确而生动，作者毫不掩饰自己对粪金龟的喜爱。在讲述粪金龟的搬运工作时作者夹叙夹议，指责人类对粪金龟等生物在保护自然环境方面的贡献视而不见，因狭隘和偏见而导致了自然环境每况愈下，同时也直接表达了他对粪金龟的喜爱。

❖ 知识拓展 ❖

-中国蜣螂在澳大利亚拿"绿卡"-

澳大利亚的畜牧业十分发达。牧场里养着大批的牛，这些牛每天要排出大量的粪便，覆盖了广大的草场，孳生蝇蛆，极不卫生，成为该国一个令人头痛的问题。后来，他们发现中国的牛粪全被中国的蜣螂吃掉了，就把中国蜣螂引进国内，安置在辽阔的草原上。

大孔雀蝶的晚会

翩跹飞舞的蝴蝶，被古今中外的文人雅士引为美好爱情的象征。对于这样的美誉，它们也确实当之无愧。那么，你可见过雄蝶追求爱情时奋不顾身的场景？法布尔就有幸目睹了这样一场大孔雀蝶求婚的盛大晚会，一起去看看吧！

谁不认识这美丽的蝴蝶？它是欧洲最大的蝴蝶。它穿着栗色的天鹅绒外衣，戴着白色的皮毛脖套。那灰白相间的翅膀，中段位置上横着由暗白色"之"字连成的波浪形线纹，外缘有一圈表层呈烟白色的边；正中央长着一个圆点，像一只大眼睛，圆点周围环绕着黑、白、褐、红各色的弧形线条。

5月6日那天早上，一只雌性大孔雀蝶在我面前的实验室桌子上破茧而出。它刚刚从茧里孵化，浑身湿漉漉的，我立即用金属网罩把它罩了起来，时刻密切注意可能会出现的情况。

晚上9点钟光景，全家人正要睡觉，突然我隔壁房间乱糟糟的一阵响动。小保尔没怎么穿衣服，来回走动，又蹦又跳，跺脚踢物，弄翻椅子，简直像疯了似的，只听见他一个劲儿地在喊我。

我赶忙奔过去一看，是巨大的蝴蝶的入侵。有4只已经被抓住，关进了麻雀笼里，还有大量的全都在天花板上飞来飞去。

见此情景，我立刻想起了早晨被我关起来的那只雌性大孔雀蝶。

名师指导
细腻传神地刻画了大孔雀蝶的美丽外表。

名师指导
引出蝴蝶入侵，激发读者的好奇心。

我们来到住宅右侧我的实验室。我的手里拿着一支蜡烛，冲进了房间。只见一群大蝴蝶轻拍着翅膀，围着钟形罩飞舞，落在罩子上，忽而又飞走，然后又飞回来，再飞向天花板，继而又飞下来。它们扑向蜡烛，翅膀一扇，蜡烛灭了。它们又扑向我们的肩头，钩住我们的衣服，轻擦着我们的脸。

这是个难忘的晚会。它们总数有 40 来只，它们不知是如何得知消息的，从四面八方赶来。其实，这 40 来个情人，急不可耐地赶来是向今晨在我实验室的神秘氛围中诞生的淑女表示爱意的。

现在，来谈谈我观察的这一个星期里的所有情景中重复见到的情况。每次都发生在晚上 8 点到 10 点之间，蝴蝶们一只一只飞来。在这暴风雨的天气，天空乌云翻滚，一片漆黑，花园里、露天地、树丛内，伸手不见五指。大孔雀蝶要赶到朝圣地，就必须在漆黑的夜晚穿越这厚厚的丁香和玫瑰树篱的甬道和屋前的丛丛松树、杉柏帷幕，左冲右突，迂回前进。大孔雀蝶装备精良，它长着多面的小光学眼睛，毫不迟疑地勇往直前，迂回曲折地飞行着，方向掌握得非常之好，所以尽管越过了重重障碍，抵达时仍精神抖擞，大翅膀没有丝毫的擦伤，完好无损。对于它来说，黑夜中的那点光亮已足够了。

即使认为大孔雀蝶具有某些普通视网膜所没有的特殊视力，那这种异乎寻常的视力也不会通知远处的它飞来这里。远隔着的距离和其间的遮挡物肯定使这种视觉起不了这么大的作用。那发情期的大孔雀蝶夜间朝圣时究竟是靠什么样的感知器官呢？人们怀疑是它们的触须，雄性大孔雀蝶似乎是用它们那扁平的触须在探测。

入侵发生的第二天，我在实验室里找到了头天夜袭的访

名师指导
　　写出了雄蝴蝶求偶路途中的艰辛，表现了它们求偶的虔诚。

名师指导
　　通过复杂的实验来揭开雄蝴蝶的求偶秘密。

客中的 8 位，它们在关着的那第二扇窗户的横档上盘踞着，一动不动。其他的访客在一番飞舞尽兴之后，于晚上 10 点钟光景从进来的那个通道，也就是日夜敞开着的那第一扇窗户飞走了，这 8 只坚持者，正是我做实验所必需的。

我用小剪刀从根部剪掉大孔雀蝶的触须，但并未触及它们身体的其他部位。它们对这种手术并没有什么反应。谁都没动，只不过稍稍抖动了一下翅膀。手术非常成功，伤口似乎不怎么严重，大孔雀蝶没有疼得乱飞乱舞，这对我的实验计划是最好不过的了。一天结束了，它们一直静静地待在窗户的横档上。

余下要做的还有另外几项事情，特别是当被剪去触须的大孔雀蝶在夜间活动时，应给雌大孔雀蝶换个地方，不让它待在求爱者们的眼皮底下，以保证研究的成果。因此，我把钟形罩和雌大孔雀蝶搬了家，把它移到住宅另一边的门廊下，离我的实验室有 50 来米远。

夜幕降临，我最后一次查看了一下那 8 只动过手术的伤员，有 6 只已经从敞开着的那扇窗户飞走了。还留下 2 只，但是已经掉在了地板上，我把它们翻过来，仰面朝天，它们都没有力气翻转身子了。它们已精疲力竭，奄奄一息。可别责怪我的手术不好，即使我不用剪刀剪去它们的触须，它们照样会衰老垂危的。

那 6 只大孔雀蝶精力充沛，已经飞走了。它们还会飞回来寻找昨天引它们飞来的诱饵吗？它们没有了触须，还能找得到现已移往别处、离原先的地点挺远的那只钟形罩吗？

十点半钟，再没有到访者了，实验结束。总共捉住 25 只雄大孔雀蝶，只有一只失去触须。昨天被动过手术的那 6 只大孔雀蝶，身强力壮，得以飞出我的实验室，回到野外，其中只有 1 只回来寻找那只钟形罩。让我们在更大的范围内再做一番实验吧。

第二天早上，我去查看头一天被捉住的俘虏们。看到的情况并不令人鼓舞，有许多都落在地上，几乎没有了生气。我把它们用手指夹住时，有几只只是略微有点生命气息，这些瘫痪了的囚徒还能有什么用处？咱们还是试一试吧，也许到了寻欢求爱的时刻，它们又会恢复生气的。

有 24 只新来的接受了剪去触须的手术。先前被剪去触须的那一只被剔除了，因为它差不多已奄奄一息。最后，在这一天剩余的时间里，监狱的木门是敞开的，谁想飞走就飞走，谁想去赴盛大晚会就去参加吧。为了让飞出去的大孔雀蝶接受试验，它们在门口必然会遇见的那只钟形罩又被挪了地方。我把它放置在一楼对面那一侧的一个套间里。当然，这个房间进出是自由的。

在这 24 只被剪去触须者中，只有 16 只飞到了外面。有 8 只已精疲力竭，不多久就死在这儿。飞走的那 16 只中，有多少只晚上会回来围着钟形罩飞舞呢？一只也没有。第二天晚上我只逮着 7 只，全都是新飞来的，也全都是羽饰完整的。这一结果似乎表明剪去触须是较为严重的事。不过，我们还是先别忙着下结论，还有一个疑点，而且是很重要的疑点。

我的蝴蝶们会不会一旦失去美丽的装饰，就不再敢出现在其情敌们面前向雌性示爱呢？

第四天晚上，我捉到 14 只大孔雀蝶，全都是新来者，我逐个地把它们关在一间房间里，它们将在里面过夜。第二天，我趁它们习惯于白天歇息不动的时候，把它们前胸的毛拔掉少许。拔去这么一点点毛对昆虫无伤大雅，因为这种丝质的下脚毛很容易长出来，而且也不会伤及它们回到钟形罩所必需的器官。对于这些被拔毛者这算不了什么，可对于我来说，这将是我识别谁来过和谁是新来者的重要标记。

这一次没有出现精疲力竭、无法飞舞者。入夜，14 只被拔毛者飞回野外去了，当然，钟形罩又挪了地方。2 个小时里，我逮住 20 只大孔雀蝶，其中只有 2 只是拔过毛的。至于前天晚上被剪去触须的大孔雀蝶，一只也没有出现。它们的婚期结束了，彻底结束了。

在有拔过毛标记的 14 只中，只有 2 只飞回来了。其他的 12 只虽然有着推测方向的导向器和它们的触须羽饰，但为什么没有回来呢？另外，在囚禁了一夜之后，为什么总是有那么多被证实为体力不支者呢？对此我只有一个回答：大孔雀蝶被强烈交尾的欲望迅速消耗得精疲力竭。

　　大孔雀蝶为了结婚这个它生命中的唯一目的，具备了一种奇妙的天赋。它能飞过长距离、穿过黑暗、越过障碍，去发现自己的意中人。两三个晚上的时间里，它用几个小时去寻觅，去调情。如果不能遂愿，一切全都完了：极其准确的罗盘失灵了，极其明亮的灯火熄灭了。那今后还活个什么劲儿呀！于是，它便缩到一个角落里，清心寡欲，长眠不醒，幻想破灭，苦难结束。

　　大孔雀蝶只是为了繁衍子孙才作为蝴蝶生存的，它对进食为何事一无所知。大孔雀蝶可是个无与伦比的禁食者，完全不受其胃的驱使，无须进食即可恢复体力。它的口腔器官只是徒具形式，是无用的装饰，而非货真价实、能够运转的工具。它的胃里从未进过一口食物。如果它不是活不长的话，这可是个绝妙的优点。灯若想不灭就必须给它添油，大孔雀蝶则拒绝添油，不过它也就因此而活不长。只两三个晚上，那正是配对交欢最起码的必需时间，这就是一切，大孔雀蝶也就寿终正寝了。

　　那么失去触须的大孔雀蝶一去不复返又是怎么回事呢？它们是否在证明没有了触须它们就无法再找到那只在等候它们的钟形罩里的雌大孔雀蝶呢？绝对不是。如同被拔掉毛身体受损但却安然无恙的昆虫一样，它们也是在宣告自己的寿命已经终结了。它们无论被截肢还是身体完整者，现在皆因年岁大的缘故而派不上用场了，它们的存在与不存在已无意义。由于实验所必需的时间不够，我们未能了解到触须的作用，这种作用先前让人摸不着头脑，今后仍旧是一个疑团。

　　被我囚禁在钟形罩下的那只雌性大孔雀蝶存活了8天。

它根据我的意愿，每晚在居住处的一隅或另一处，为我引来数目不等的一群造访者。我用网兜一一捉住它们，然后立即把它们关进封闭的房间，让它们过夜。第二天，起码要在它们喉部剪掉些羽毛，以做标记。

在这8天当中来访者的总数多达150只，考虑到今后两年如果为了继续这项研究必需的资料我需要苦苦地去寻找这种活物的话，这个数目可真让人瞠目结舌。大孔雀蝶的茧在我住所附近虽说并非找不到，但至少是十分罕见，因为其毛虫的栖息地老巴旦杏树并不太多。那两年的冬天，我对这些衰老的树全都一一检查过，翻查它们那藏于一堆杂乱的木本植物中的树根，可我有多少次都是空手而归呀！因此，我的那150只大孔雀蝶是从远处、从很远的地方，也许是从方圆两千米以外或更远的地方飞来的。它们是如何获知我实验室里的情况而纷纷前来的呢？

有3个信息因子是感知的决定条件：光线、声音和气味。大孔雀蝶从敞开的窗户飞进来之后，视觉在指引着它，但仅此而已。但在进来之前，在外面那未知的环境中则不然！说大孔雀蝶具有猞猁那种穿墙视物的视觉是不足以说明问题的，还必须解释为什么它有一种敏锐的视觉，能够神奇地看见几千米之外的东西。这个问题太大太难，咱们别去讨论了。

声音同样与此无关。胖胖的雌性大孔雀蝶虽能够从很远的地方招引来情人，但它却是静默无语的，连最敏锐的耳朵也听不见它的声音。说它有春心萌动、激情颤抖，也许可以用高倍显微镜观察得到，严格地说，这是可能的。但是，我们不要忘了，到访者应该是在很远的距离之外，在数千米之外获得信息的。在这种情况下，我们就别去考虑声学的因素了，否则的话，就无宁静可言，周围一定是乱哄哄一片。

剩下的就是气味了。在感官范畴内，气味的散发比其他的东西可以说更能解释为什么大孔雀蝶们会稍作迟疑之后便纷纷前来追逐吸引它们的那个诱饵。是否确实有这么一种类似于我们称之为气味的散发物呢？这种散发又是极其难以发觉的，是我们所感觉不到可又能让比我们的嗅觉更敏锐的嗅觉能够感觉出来？得做一个实验。实验极其简单，就是把这些散发物掩藏起来，用气味更大更浓烈而经久不衰的一种气味压住它们，成为主导气味，这样一来，微弱的气味就几乎不存在了。

我事先在晚上雄性大孔雀蝶将被招来的那个屋子里撒了点樟脑。另外，在钟形罩下，在雌性大孔雀蝶旁边我也放了一只装满樟脑的宽大圆底器皿。大孔雀蝶来访的时刻到来时，只需待在房间门口就能闻到这股子樟脑味儿。可是我的巧计未能奏效。大孔雀蝶们像平时一样，如约而至。它们闯入房间，穿越那股浓烈的气味，像在没有气味的环境中一样，方向准确地向钟形罩飞去。

我对嗅觉能否起作用已产生了疑惑。再说，我现在也无法继续实验了。第九天，钟形罩里的雌性大孔雀蝶因久等无果已精疲力竭，把不能孵出幼虫的卵产在钟形罩的金属纱网上之后死去了。没了雌性大孔雀蝶，我也就无事可做，只好等到明年再说。

夏日里，我以每只一个苏的价格买了一些大孔雀蝶毛虫。我用老巴旦杏树枝喂养我昆虫园中的大孔雀蝶毛虫，不几天便有了一些优等的茧。到了冬天，我在老巴旦杏树根部一丝不苟地寻找，获得不少的成果，补足了我的收集物。一些对我的研究感兴趣的朋友也跑来帮我。最后，通过精心喂养，四处搜寻，求人代捉，虽身上被荆条划得伤痕累累，但却有了不少的茧，其中有 12 只较大较重的，我推测里面是雌性大孔雀蝶。

失望一直在等待着我。5 月来临，这个气候变化无常的月份，把我的心血化为乌有，使我愁苦不堪。很快又到了冬

季，寒风凛冽，梧桐树的新叶被吹掉，落满一地。这是天寒地冻的腊月，晚上需生上旺火，穿上已经脱去的厚厚的冬衣。

我的大孔雀蝶也饱受煎熬。卵孵化得晚了，孵出来一些迟钝呆滞的家伙。在一只只钟形罩里，雌性大孔雀蝶根据出生先后今天一只明天一只地住了进去，可是很少或者压根儿就没有从外面飞过来探望的雄性大孔雀蝶。在附近有一些雄性大孔雀蝶，因为那些被我收集的长着漂亮羽饰的实验用的雄性大孔雀蝶，一旦孵化出来，辨认清楚之后便会立即放到园子里。它们不管离得远的还是附近的，都很少飞过来，而且即使来了也是无精打采的。

我又开始进行第三次实验。我喂养毛虫，到田野里去寻找虫茧。到了 5 月份，我已经收集了不少。气候很好，符合我的要求。我又见到一开始导致我进行这种研究的场面，那次大孔雀蝶入侵的盛况让我振奋。

每天晚上都有大孔雀蝶飞来，有时十一二只，有时二十多只。雌性大孔雀蝶肚腹鼓鼓的，紧贴在钟形罩的金属网上，它一动不动，甚至连翅膀都没颤动一下，好像对周围所发生的事情无动于衷。我家人中嗅觉最灵敏的也没有嗅出什么气味来，被拉来作证的亲朋中听觉最敏锐的也没听见任何响动。那只雌性大孔雀蝶一动不动地、屏息凝神地在等待着。

雄性大孔雀蝶三三两两地扑到钟形罩圆顶上，绕着飞来飞去，不停地用翅尖拍打着圆顶，它们之间没有因争风吃醋而发生打斗。每只雄性大孔雀蝶都尽力地想闯入钟形罩，看不出对其他的献殷勤者有任何忌妒。徒劳地尝试一番之后，它们厌倦了，飞走了，混入正在飞舞着的蝶群中去。有几只绝望者从那扇敞开的窗户飞走了，一些新来者替代它们。而在钟形罩的圆顶上，直到 10 点钟左右，不断地有雄蝶尝试闯入，随即失望而去，随即又有新来者代替它们。

钟形罩每天晚上都要挪换地方。我把它放在北边或南边，放在楼下或二楼，放在住所右侧或左侧 5 米开外，放在露天地里或一间僻静小屋的暗处。这一番神不知鬼不觉的挪动，不知情者想找可能都找不着，但是却一点儿也没骗过大孔雀蝶们。

这里并不是对地点的记忆在起作用。譬如头一天晚上，那只雌性大孔雀蝶被放置在住所的某间房间里，羽饰美丽的雄性大孔雀蝶飞到那儿舞了两个小时，甚至还有一些在那儿过了一夜。第二天，日落时分，当我转移钟形罩时，雄性大孔雀蝶都在外边。尽管生命转瞬即逝，但新来者仍有能力进行第二次、第三次的夜间远征，这些只能存活一日的家伙首先将飞往何处？

它们了解昨夜幽会的确切地点。我还以为它们将凭着记忆回到那儿去，而在那儿发现一无所有后，它们将飞往别处继续追寻。但并不是这么回事：与我的期盼恰恰相反，根本就不是这样的。它们谁也没有再出现在昨晚一再光顾的地方，谁都没在那儿做过短暂逗留。昨夜幽会的地点现在却冷冷清清，记忆似乎并没有事先向它们提供任何情报。一个比记忆更加可靠的向导把它们召唤去了另外的地方。

在此之前，雌性大孔雀蝶一直暴露在金属网罩里。那些到访者在漆黑的夜晚目光仍是敏锐的，它们凭借那对我们而言简直如同漆黑的夜色的一点微光是能够看见那只雌性大孔雀蝶的。如果我把雌性大孔雀蝶关进不透明的玻璃罩中，那会出现什么情况呢？这种不透明的玻璃罩难道就不能让提供信息的气味自由散发或完全阻止它散发吗？

今天，物理学使我们能够发明利用电磁波来传达信息的无线电报了。大孔雀蝶在这个方面是不是可能超越了我们？为了鼓舞周围的雄性大孔雀蝶，通知几千米以外的求爱者，刚刚孵化出来的适婚雌性大孔雀蝶难道已拥有已知的或未知的电磁波吗？这种电磁波难道会被某种屏障隔断而被另一种屏障放行吗？总而言之，它是不是会按照自己的方法利用某种无线电报呢？我觉得这并没有什么不可能的，昆虫是这种高级发明的强者。

🏅 名师指导

推测利用无线电这种方法寻找雌性大孔雀蝶。

于是，我把雌性大孔雀蝶放在不同材质的盒子里，有白铁的、木质的、硬纸壳的，全都关得严严实实，甚至还用油性胶泥给封上，我还用了一只玻璃钟形罩，摆放在一小块玻璃的绝缘柱上。

在这种严密封闭的条件下，没有飞来一只雄性大孔雀蝶，一只也没有，尽管晚上既凉爽又安静，环境宜人。无论是什么材质的密封盒，都使传递信息的气味无法散发出去。

我把雌性大孔雀蝶放进一只很大的短颈大口瓶里，用棉花盖上瓶口，扎紧。结果没有一只雄性大孔雀蝶前来。相反，我们不要把瓶子密封，让它微微开着点，再把这些瓶子放进一只抽屉里，装进大衣橱中，但尽管这么藏了又藏，雄性大孔雀蝶仍然蜂拥而来，多得就像明显地把钟形罩放在一张桌子上时一样。雌性大孔雀蝶被放在瓶子里，裹进一只关好的壁橱等待着的那个晚上的情景至今仍历历在目。雄性大孔雀蝶们扑向壁橱门，用翅膀扑打着，啪啪连声，想闯进去。

🏅 名师指导

写出了雄性大孔雀蝶求偶欲望的强烈。

🏅 名师指导

写出了雄性大孔雀蝶们跃跃欲试的场面。

因此，任何类似无线电报的通讯手段都是不能令人接受的解释，因为一道屏障无论是好导体还是坏导体，一经出现便立即阻断了雌性大孔雀蝶的信号。为了让信号畅通无阻，传得很远，必须具备一个条件：囚禁雌性大孔雀蝶的囚室不能关得密不透风，要让内外空气相通。这又使我们回到了存在一种气味的可能性上，但那是经我用樟脑所做的实验给否定了的。

我的大孔雀蝶的茧已经用完了，但问题仍然没有弄个一清二楚。

一天晚上，雌性大孔雀蝶被放置在餐厅的一张桌子上，正对着敞开着的窗户。一盏煤油灯点着，灯上装有一个搪瓷的宽大灯罩，吊挂在天花板上。一些来访者落在钟形罩的圆顶上，在雌性大孔雀蝶面前显出急不可耐的样子；另外的一些来访者，飞过囚室时略微致意一番，便向煤油灯飞去。盘旋片刻之后，被搪瓷灯罩的反射光照得迷迷糊糊的，便贴在灯罩下面一动不动了。

整个晚上，它们全都没有动弹过。第二天，它们仍留在原地，对亮光的迷恋使它们忘掉对爱情的陶醉。面对这样的一些迷恋亮光的家伙，精确而长久的实验是无法进行的，因为观察者需要照明。我放弃了对大孔雀蝶及其夜间婚礼的观察。我需要一只习性不同的蝴蝶，它得像大孔雀蝶一样勇敢地奔赴婚礼幽会，但又能在白天行房。

别人不知从哪儿给我弄来一只很棒的茧，裹着一个宽大的白色丝套。从这个不规则的大褶皱的丝套中，很容易抽出一只外形似大孔雀蝶茧但体积要小一些的茧来。丝套端口用松散但又聚集的细枝结成网状，可出而不可进，我一眼便可看出那是一只夜间活动的大孔雀蝶的同类。丝套上有编织者的标记。

果然，三月末，圣枝主日①那一天的清晨，那只茧孵出一只雌性小孔雀蝶，我立刻把它关进实验室的钟形金属网罩里。我打开房间的窗户，好让这件大事传到田野中去，而且必须让可能前来的探访者自由进入房间。被囚的这只雌蝶贴在金属网纱上，一个星期都没再动一动。

---

① 圣枝主日：也称棕枝主日、基督苦难主日，是圣周开始的标志。

名师指导
　　形象生动地描绘出了小孔雀蝶的外形。

　　我的这只小孔雀蝶美丽极了，一身呈波纹状的褐色天鹅绒华服，上部翅膀尖端有胭脂红斑点，四只大眼睛，宛如同心月牙，黑色、白色、红色和黄褐色混在一起。如果不是色泽那么发暗的话，几乎就是大孔雀蝶的装饰。这种体形和服饰如此华美的蝴蝶，我一生中见到过三四次。我昨天见了茧，但从未见到过雄蝶。我只是从书本上知道雄性比雌性要小一半，体色更加鲜艳，更加花枝招展，下部翅膀呈橘黄色。

　　我还不了解的陌生贵客、羽饰漂亮的雄蝶，它们会飞来吗？在我们周围这一片似乎很少见到它们。在它那遥远的藩篱墙中，它们能得知那只适婚雌蝶在我实验室的桌子上正等待着它吗？我敢保证它们会前来的，而且我错不了的。瞧，它们来了，甚至比我预料的还早到了。

名师指导
　　表达作者如愿看到雄性小孔雀蝶被成功吸引过来时的喜悦心情。

　　雄性小孔雀蝶令人难以置信地按时被雌性小孔雀蝶召唤来了。它们艰难曲折地飞翔，终于一只接一只地飞来了。它们都是从北边飞过来的。

　　两个小时中，在阳光灿烂之下，来访的雄性小孔雀蝶们在我的实验室门前飞来飞去。其中大部分都在一个劲儿地寻来觅去，或撞墙欲入，或掠地而过。见它们如此犹豫不决，我想它们是因找不到引它们飞来的那个诱饵的确切位置而十分着急。它们从老远飞来，没有弄错方向，可到了地方却又拿不准确切地点了。不过，它们迟早会飞进屋内去向雌性小孔雀蝶致意的，但也不会恋战。下午两点钟时，一切便结束了，一共飞来了10只雄性小孔雀蝶。

❧ 阅读鉴赏 ❧

原来凄美的化蝶绝唱，并非文学家的艺术想象，因为大孔雀蝶就是这样一种为爱而生、为爱而死的痴情昆虫。一旦发现自己的意中人，它们就能穿过黑暗、越过障碍，从方圆 2 000 米以外甚至更远的地方飞来"朝圣"！更不可思议的是，大孔雀蝶从不进食，生命只有两三个晚上，那正是配对交欢最起码的必需时间，之后它们也就寿终正寝了。也就是说，求偶交欢几乎占据了雄性大孔雀蝶的整个生命！

这一章主要记叙了作者探秘雄性大孔雀蝶如何为雌蝶所吸引而进行的多次实验。作者在文中巧妙设置了多个悬念，让我们不由自主地身临其境，展开想象，跟着他一起去探寻雄性大孔雀蝶求偶的奥秘。

作者分别从雄蝶的触须、装饰、视觉、嗅觉、听觉等方面研究，一面提出假设，一面否定排除。随着疑团一个个被解开，我们也情不自禁地爱上了大孔雀蝶的深情。作者的研究过程细致缜密，时间不当、气候恶劣、大孔雀蝶稀少等因素都阻碍了实验的进行，但作者丝毫没有放弃，这份执着的求真精神让我们感动。直至文章结尾，作者仍未得出最终结论。尽管如此，作者还是向我们展示了大孔雀蝶为求爱，穿越黑暗、飞过重重障碍的奇妙天赋。虽然文章记述的大部分是自然观察，但其中还是不难见到抒情的成分。作者被大孔雀蝶这飞蛾扑火般热烈的爱情所吸引和感动，无时无刻不在为小生灵们高贵的情感而歌唱。在作者的笔下，追求爱情的大孔雀蝶是那样的勇敢、执着、不惜一切！让我们不得不感叹：昆虫尚且如此，更何况人呢！

❧ 知识拓展 ❧

-蝴蝶的寿命-

蝴蝶的一生，有 4 个完全不同的形态，即卵期、幼虫期、蛹期和成虫期。蝴蝶成虫的寿命，因种而异，长的有半年以上，而热带地区的大多数蝴蝶寿命较短，一般为 10 至 15 天。雌蝶产完卵或还有少量卵未产就会死亡，雄蝶未经交配可活 20 至 30 天，完成交配任务后的雄蝶寿命较短，有的只有 2 至 3 天。历经许多苦痛，相当一部分蝴蝶从茧里孵化出来后，却只能有 2 周左右的生命！

坚果象的手钻

在收获坚果的季节，坚果象们搞的破坏会让人们头痛不已、深恶痛绝。它们在坚果壳上钻出一个小小的孔，将果仁掏得一干二净。更可气的是，好多果实被它们钻了孔又随意丢弃，白白糟蹋了！然而，你了解这些现象背后的故事吗？这篇文章就将带你走入它们的世界。

正如其名所示，坚果象生来就是对付橡栗、榛子以及其他类似坚果的。在我们那片地区，最引人瞩目的便是坚果象。它嘴上还叼着一只长烟斗哩！这棕红色的烟斗细如马鬃，其长无比，几乎笔直，以至于坚果象只好斜着身子，让它伸直，免得折断，好像头前伸出一支长矛似的。我们可以猜测到它奇形怪状的长嘴上有一个类似我们用来钻坚硬物体的钻头。它的大颚是两个钻石尖，构成钻头尖端的是高强度齿甲。在墨绿的橡树上，我发现了一只坚果象，长鼻子已经有一半钻进一只橡栗中去了。我便把那根树枝折断，轻轻地放在地上。那只坚果象没有注意到被搬了家，仍然继续干着。

坚果象脚上蹬着黏性击剑套鞋，可以牢牢地贴在光滑浑圆的橡栗上。此刻，坚果象正在橡栗上用自己的弓摇钻忙活着。它缓慢而笨拙地围着它那根插入橡栗中的钻杆移动着，画着半圆，圆心就是钻孔，然后又折回头来，画一个反向的半圆。它就这么反复地画来画去。

长鼻子一点一点地钻进去。一小时后，长鼻子见不着了。然后它歇息了片刻。随后，长鼻工具抽了出来。最后，它丢下了它钻探的那口井，一本正经地退了出来，蜷缩在枯树叶中。

在有利于捕捉虫子的无风的日子里，我回到了先前去的地方，很快便捉到了一些坚果象，装进我实验室的金属网罩中。组成我的坚果象所光顾的矮树林的有三种橡树：绿橡树、短柔毛橡树和胭脂虫橡树。

我把这三种橡树长满橡栗的几根树枝放置在我的金属网罩圆顶下面，一头浸在一盆水里，以保持新鲜。小树枝上放了数目合适的配对坚果象，最后实验仪器也放在我实验室的窗户上，天气晴朗时，一天大部分时间都能照到太阳。

准备工作做好之后的第三天，我在坚果象开始干活儿时准时到来。雌坚果象比雄的体形更壮实，用手摇曲柄钻的时间也更长，它仔细地察看那个橡栗，无疑是准备产卵。

坚果象一步一步地从前头爬到后头，从上面爬到下面，爬遍了整个橡栗。橡栗壳很粗糙，爬动很容易。如果脚底没有黏性击剑套鞋，没有在各种姿态下都能保持平衡的刷子形鞋底的话，在橡栗的其他部分爬动就不太容易了。坚果象以同样从容的姿势在橡栗的上下左右爬来爬去，从未摔落。

它已经选好了，这个橡栗被认为是最好的。现在是要在这个橡栗上钻一个探测洞。坚果象的钻杆太长，操作起来很困难。为取得最佳机械效果，就必须按照被钻件凸面的法线把钻杆竖立，然后再把这个碍事的工具收回到坚果象钻工的身体。

为达到这一目的，坚果象用后腿支起身子，立在鞘翅尖端和后跗骨形成的三脚架上。没有什么比这个怪诞的钻工更加奇怪的了，它站立着，把长钻杆鼻放回自己身下。

成功了，长钻杆笔直地竖了起来。钻探开始了，它极其缓慢地钻着，从右往左，然后再从左往右，循环往复地这么干着。钻头并不是一种始终朝着一个方向旋转而往下钻着的螺旋形开瓶器似的工具，而是一种套针，先是啃咬，然后轮番向着一个方向和另一个方向磨蚀，逐渐往下扎去。

机械运转良好，但是速度奇慢无比，所以往下钻探的情况用放大镜观察也看不出钻了多少。坚果象一直在钻探，歇息一会儿，立即又干起来。一个小时、两个小时过去了，坚果象收回钻杆，返回来把卵放进井口。

连续不断地观察了8个小时之后，将近夜幕降临时分，坚果象看样子已

经干完活儿了。它确实在往后撤，谨慎小心地在抽回钻杆，生怕把它弄折了，钻具抽出头了，又笔直地伸向了前方。

但我又一次上当了，我那一轮一轮的8小时值班监视没见结果。坚果象走了，没有利用自己钻探的成果便遗弃了那个橡栗。钻这些劳民伤财而多数又不下卵的井的目的何在？我们先来了解一下虫卵的位置以及幼虫最初几口食物的情况，或许答案就有了。

那些住有坚果象卵的橡栗是挂在树上、嵌在橡栗壳里的，仿佛没有发生任何有损于绒毛叶的不正常事情。在离栗壳斗不远处的光滑而仍绿油油的外壳上，可见一个小点，确系为一灵巧的针所刺。由于坏死而产生的一个窄小的褐色乳晕很快便把这个小孔洞包围起来，那就是钻井口。

我挑选那些新近被钻孔的橡栗，把它们的壳剥去。其中不少并未见有什么东西：坚果象钻探了它们，但并未在里面产卵。它们同我网罩里的那些橡栗一样，被钻了无数小时，但之后却并未加以利用。当然也有许多橡栗里面有一只卵。

无论壳斗上面的井口有多么远，这只卵总是待在井底，在一堆绒毛叶那儿。那儿有柔软的呢绒，是由壳斗提供的，被滋养品源泉——叶柄的渗液所润湿。我看见一条很小的坚果象的幼虫，是我亲眼看着它孵出来的。它最初几口是在轻轻地咬那堆絮状的食物，那个用丹宁酸调了味儿的新鲜面包。

这种如同新生有机物一样多汁、易消化的小糕点，只有那儿才有，而坚果象也只是在那儿，在壳斗和绒毛叶之间安放自己的卵。坚果象十分清楚最适合其新生儿那虚弱的胃的食物在什么地方。

上面是相对而言较粗糙的绒毛叶面包。幼虫在头几小时的饱餐中增强了体力，然后并非直接地，而是通过其母亲用探针捅开的狭道钻进面包房。狭道中满是面包屑和吃了一半的残渣。吃了这种沿路备好的稍微粗糙的可口面粉，力气倍增，幼虫于是便完全钻进橡栗那坚硬的果肉中去。

我所掌握的这些情况说明了产卵的坚果象是如何干活儿的。在钻探之前，

它上下左右、前前后后地仔细查来看去，这时它的目的是什么？它是在了解这个橡栗是否已经被占据了。诚然，食橱很丰盛，但两个人吃就不太够了。我确实还从未发现有两只虫子在同一个橡栗中的。只有一只，始终都只有一只，这一只在吃完丰盛的食物，消化完后将食物变成橄榄绿色的小团团，离开橡栗，下到地上。绒毛叶面包最多也就剩这么一丁点儿的面包屑了。

把卵安置进去之前，先得检查一番，看看这个橡栗是否被占据了。如果橡栗表面没有那细小的针眼的话，再尖的眼睛也猜不到里面藏着一个隐居者。这个小点不明显，但仔细观察即可辨出，它就是我的向导。有它在，我就知道橡栗有主儿了，或至少，是被做过与产卵有关的试验；它不存在，我就深信这个橡栗尚未有昆虫占据。毋庸置疑，坚果象也是根据这同样的方法获知情况的。

橡栗一旦被确定完好无损，这就成了。钻头再往下钻，一干就是好几个小时。然后，有好多次，坚果象对自己的活计不屑一顾地走开了。钻探完了没有随即产卵，这么卖力地干了这么久又有何用呢？它只是为了饮水解渴、恢复体力才这么找一个橡栗随便钻钻吗？它嘴上的吸管会下到井底深处，在满意的角落吸几口富有营养的饮料吗？它这么忙活一番只是为了个人进食吗？

雄性坚果象也长有长嘴，必要时也能钻出一口井来，但我从未见过雄性坚果象在一个橡栗上面吭哧吭哧地掘井。

真实的目的我想我隐约地发现了。我前面说了，卵总是置于橡栗底部，在一些由叶柄渗出的液汁润湿的絮状物中间。幼虫刚孵出时，还啃不动挺硬的绒毛叶，只能咬壳底柔软的毛毡，以其液汁为食。

但是，随着橡栗长大成熟，这个蛋糕也就变得很硬了，味道以及液汁的量都随之有所变化。柔软的部分变硬了，湿润的部分干燥了。在一个时期，新生儿的舒适条件是极具备的。稍早些，舒适条件未达到标准；稍晚些，那些条件也过分成熟了。

在外边，在橡栗的绿壳上，这种内部厨房的烹饪情况丝毫显现不出来。为了不让幼虫吃不合适的食物，做母亲的只能从外表查看橡栗，为了了解情况，只好自己先用长鼻尖端尝尝粮仓底部的食粮。

把新生儿放在将来能找到多汁而柔软的、易于消化的食物的地方，这些细心挑剔的母亲还觉得不行。它们的关怀照顾还远不止于此。一个折中的办法也许有用，就是让小幼虫从最初的吃软糕点改变成吃硬面包。这个折中的办法就在母亲钻出的那个坑道里，那儿有一些碎屑，是长嘴上的剪刀剪碎了的。另外，坑道内壁受损、变软，比其他东西更适合新生儿娇嫩的颚[①]。

在啃咬绒毛叶之前，幼虫的确是先钻入这个坑道的。它以沿途找到的粗面粉为食，收集悬于壁上的褐色微粒，最后，它已足够壮实，便弄破果仁那圆形大面包，钻进里面去，不见了踪影。胃已经锻炼好了，剩下的事就是放开肚皮吃了。

这种管状婴儿哺乳室应有一定的长度，以满足初生婴儿的需要。因此，做母亲的便用那把钻孜孜不倦地干活儿。如果探测只是局限于品尝一下食物，了解橡栗底部的成熟程度的话，操作就会简便得多，只需透过外壳在这块底部不远处进行就可以了。这一点坚果象并不是不知道，我偶尔也发现坚果象正在对坚硬外壳这么干哩。

我从中看到的只是急于了解情况的产妇的一种试验。如果橡栗合用，钻探就将在稍高处，在壳斗外面重新开始。当卵应该产下时，按惯例确实是钻橡栗，尽可能地在高处，只要钻杆够长就行。

做母亲的这么费劲乏力、疲惫不堪自有道理：它这么做可以到达橡栗底部那理想之地，因此也就获得了最佳的效果，可以替自己的孩子准备好一个吃不完的面粉口袋。

坚果象把卵产在还很青的橡栗中。现在，橡栗落在地上，提前变成褐色，

---

① 颚（è）：某些节肢动物摄取食物的器官。

还被钻了个圆孔，坚果象幼虫吃光了橡栗里面的食物便从这个小圆孔里爬出来。在一棵橡树下，很容易就能捡满一篮子这种被掏空的橡栗。

我曾剖开一个坚果象产妇，看到令我瞠目结舌的情景。那儿有一部古怪的机器，一根僵硬的棕红色尖头桩，与身体一样长，我觉得几乎像是一个喙，因为它与头部的喙很相似，那是一根管子，细如毛发，尖端有点张开，状如榴弹发射筒，始端鼓起，呈卵形泡状，这就是产卵工具，与钻孔器大小粗细相同。钻孔喙钻到哪儿，这个内喙——卵探测器便可下到哪儿。当产妇在橡栗上下钻时，它选择的攻击点就必须让这两个相辅相成的工具都能够到达理想的地点——果仁底部。

产妇的手摇曲柄钻干完活儿后，坑道完工，便回转身来，把腹部末端贴在那钻孔上。然后，它拔出剑来，内喙显露出来，毫无困难地钻入锉屑堵塞的坑道，引导探头上什么都没有显现，因为它运转敏捷而小心。卵安置好之后，这个工具逐渐回收，缩回腹内，同样是滴水不漏。大功告成，产妇离去，而我们却一点也没有看出它的破绽。

❧ 阅读鉴赏 ❧

　　文章中作者运用了大篇幅的细节描写，详细地描述了坚果象在橡栗上钻孔的过程。坚果象妈妈这么费心尽力、疲惫不堪，所做的一切，完全是为了替自己的孩子准备好食物，让它们一出生便有充足的果仁享用。不仅如此，坚果象妈妈还考虑到孩子的消化能力，在钻探的过程中就顺道用自己长嘴上的剪刀将硬果仁剪碎。这是多么无微不至、细腻深沉的母爱啊！

❧ 知识拓展 ❧

-橡 栗-

　　橡栗是栎树的果实，含淀粉，可食，味苦，也叫橡实、橡子、橡果。《庄子·盗跖》："昼拾橡栗，暮栖木上，故命之曰有巢氏之民。"唐代诗人杜甫有《北征》诗云："山果多琐细，罗生杂橡栗。"

朗格多克蝎的家庭

在我们的印象中，蝎子从来都是凶狠毒辣又无情的象征。但我们有没有想过，这些印象真的是事实的全部吗？蝎子真的是个毫无温情可言的物种吗？下面的这篇文章，法布尔会告诉我们答案。

有一天，我眼前一亮，突然看到母蝎背着一群小蝎。那是7月22日早晨6点钟光景的事。我在掀开硬纸板遮盖物时，竟然发现一只黑蝎妈妈背上背着一群小蝎，仿佛背脊上披着一件白色短披风。我顿感一种温馨、甜蜜、满足，而这种时刻是观察者隔好久好久才能遇上的。我生平头一次亲眼看见黑蝎妈妈背着自己小宝宝们的弥足珍贵的场面。黑蝎妈妈是刚分娩的，大概是头天夜里的事，因为头一天它身上还是光溜溜的。

接二连三的好事在等待着我。第二天，又有一只黑蝎妈妈披上了一件白色短披风；第三天，又有两只黑蝎妈妈同时披上了白色短披风。总共是4只黑蝎，这比我所奢望的要多。有4个黑蝎家庭做伴，再加上几天的安静日子，可以说生活很甜蜜了。

接下来的日子，好运接踵而至。当我第一次在广口瓶中有了重大收获之后，我便立刻想到大玻璃瓶子；我在思考朗格多克蝎是否会像黑蝎一样早熟，我顿生感悟，赶紧跑去查看。

我把瓶中的25块瓦片都翻开来了。大获丰收！我都一副老骨头了，但我此刻却立即觉得硬化的血管里有20岁年

名师指导

渲染了作者乍见蝎子家庭的喜悦之情。

名师指导

生动形象地表达出大获丰收的喜悦和激动。

轻人的热血在涌动。在 25 块瓦片中的 3 块下面,我发现了拖儿带女的蝎妈妈。有一只的孩子们已经长大了,约一个星期大,这是我后来连续观察才弄明白的;另外两只是在头一天的夜里分娩的,这从蝎妈妈的大肚子下面还精心地保留着一些残留物就可以看得出来。我们一会儿将要看一看这些残留物是怎么一回事儿。

7 月逝去,8 月、9 月也过去了,我再没有收获到什么,因为,两种蝎子的生育期都在 7 月下旬,7 月过去之后,一切都结束了。然而,大玻璃瓶子里面养的那些蝎子中,还有一些母蝎同已经给我生过蝎宝宝的母蝎一样,肚子大大的。我原指望它们能给我添丁加口,因为种种表象都让我这么期盼着。冬天来了,它们中谁也没有满足我的愿望。看上去马上就要实现的事情却拖到了来年。这再次说明蝎子的妊娠期很漫长,在低等生物中,这种情况十分罕见。

我把每只母蝎和它的蝎宝宝分别移到能够仔细观察的狭小的容器里。早晨我去察看时,发现头一天夜里分娩的那些蝎妈妈肚子下面又藏着一部分小宝宝。我用一根草尖把蝎妈妈拨开来,在那堆尚未爬上母亲脊背的小宝宝中我发现了一些东西,把我从书本上学到的有关这一问题的那一点点知识彻底地推翻了。据说,蝎子属于胎生,这种说法虽颇有学问但却缺乏准确性。实际上蝎宝宝并非一生下来就是我们所熟知的那个样子。

而这一点是讲得通的。如果小宝宝伸着钳子,张开爪子,蜷起尾巴,你让它怎么能够进入母蝎的产道呢?这种碍手碍脚的小宝宝永远也通不过母亲那狭窄的产道的,所以它出生时必须紧裹着,少占空间才行。

母蝎腹下发现的残留物确实是一些卵,与解剖妊娠很长时间的卵巢时所见到的卵一模一样。

小宝宝紧缩成米粒状,以节省空间,尾巴贴在肚皮上,双钳回收在胸前,腿脚紧紧地贴于腰侧,这样一来,这椭圆形的小宝宝就可以顺顺当当地滑出来了。它额头上有墨黑的点,那是它的眼睛。小宝宝悬浮于一滴透明的液体中,此刻那液体就是它的天地、它的大气层，外面由一层精巧的薄膜包裹着。

在分娩刚结束时，朗格多克蝎有三四十只卵，而黑蝎的卵则要稍微少一些。我去查看时已经太晚了，只赶上个结尾，但是，所剩无几的卵也足以坚定我的看法。蝎子实际上是卵生的，只不过其卵孵化得非常之快，母蝎刚一产下卵来，小宝宝便破卵而出了。

那么，小宝宝是如何孵出的呢？我有得天独厚的特权亲眼目睹这个过程。我看见蝎妈妈用大颚尖小心翼翼地挑起卵的薄膜，把它撕破、扯下，然后把薄膜吞下。在给小宝宝剥胎衣时蝎妈妈倍加小心，犹如温柔慈爱地舔食胎衣的母羊和母猫。尽管工具很粗糙，但宝宝那细皮嫩肉上没有任何伤痕，也没伤筋动骨。

我简直是惊呆了：蝎子是最先把近于我们人类的母爱传给自己的孩子的。远在远古时代，第一只蝎子出现时，生儿育女的那份爱心就已经在酝酿之中了。

生命的进化并非是循序渐进的，并非从低级到高级，再从高级往更高级。进化是跳跃式的，有的时候是在前进，有的时候却是在倒退。大海有潮起潮落，生命也是一种大海，比真正的大海更加高深莫测，它也有过潮起潮落。

它还将会再有潮起潮落吗？谁能说它有？谁又能说它没有？

如果母羊不想法用嘴唇把胎衣剥下并吞食掉，羊羔就永远无法从胎盘中出来。同样，蝎宝宝也要母亲的帮助。我就看见过一些蝎宝宝被黏膜黏住，在已经撕破了的卵囊中拼命地扭来扭去，怎么也挣脱不出来，必须有母亲的那一下牙咬才能让宝宝彻底解放。认为宝宝自身在解放的过程中也起着作用，那也是错误的。宝宝软弱无力，虽然它出生的袋子像洋葱片内壁的皮膜一样细薄，但它就是挣脱不开这层细薄的皮膜。

雏鸡喙尖上有一个临时的硬茧，是供它破壳而出时啄壳用的，而蝎宝宝为了节省空间，是蜷缩成米粒状的，它死死地等待着外援，一切都得由蝎妈妈去完成。蝎妈妈努力地完成着自己的工作，分娩中附带排出的东西也全部被它清理掉，甚至包括那些随之而出的未受孕的卵也被清理干净了。现在一点碎衣破片都见不着了，全都回到蝎妈妈的胃里去了，而产卵时占用的那块地方也是干干净净的。

蝎宝宝现在一个个被收拾得干干净净、活蹦乱跳的。它们通体雪白。朗格多克蝎的幼仔从头至尾长9毫米。随着产后清洗完毕，蝎宝宝们一个一个地往蝎妈妈背脊上爬去。它们沿着妈妈的双钳缓缓地往上爬，蝎妈妈把双钳贴地，以利于宝宝们攀登。宝宝们一个个紧紧挨挤着聚在一起，并无队形，但却在妈妈背上留下了一条覆盖层。它们凭借自己的小细爪子牢牢地攀附在上面。我用毛笔尖把它们扫下来而又不想碰伤这些细皮嫩肉的小家伙，还颇费了些工夫哩！蝎妈妈背着小宝宝们时，双方谁都一动不动，这正是进行实验的好时机。

身披蝎宝宝们组成的白色短披风的蝎妈妈是值得关注的一景。蝎妈妈一动不动，尾巴高高地卷翘起来。如果我把一根麦秸移近蝎子一家，蝎妈妈会立即恶狠狠地竖起双钳，这种凶相即使在它自卫时也很少有。它竖起双臂做拳击状，钳子大张着，随时准备还击；它的尾巴翘着，挥动着，这在平

名师指导
　表现了母爱的无微不至。

名师指导
　表现出母蝎保护幼蝎时剑拔弩张的勇猛架势。

时是难得一见的；尾巴不能突然放平，否则会带动背脊，也许会把背上的小宝宝们甩下一些来；拳头竖起就足以威胁敌人了，那架势既勇猛，又迅速、威武。

我对此并不觉得好奇。我拨弄下来一个小宝宝，把它移至其母面前，离开有一指宽的距离。蝎妈妈好像并不在意这个事，它原先一动不动，现在仍纹丝不动。掉下去几个小家伙有什么可大惊小怪的？小家伙会自己想法摆脱困境的。掉下去的小蝎子举手蹬腿，紧张焦急，然后，突然发现妈妈的一只钳子就在自己面前，于是，便迅速爬上去，回到了兄弟姐妹们的中间。它又骑到妈妈身上，但动作笨拙得要死，与狼蛛的孩子们相去甚远，后者一个个都是高空杂技的好手。

实验又开始了，这次的规模更大。这一次我拨弄下来一部分小蝎子，小家伙们散落一地，但相距并不太远。它们迟疑不决了很长一段时间，正当它们不知如何是好转来转去的时候，蝎妈妈终于害怕会有不测了。它用我称之为胳膊的两只钳式触角合抱成半圆，搂住自己面前的沙子，把迷途的孩子们搂到自己的面前来。它干这种活儿时笨手笨脚，做得很粗糙鲁莽，根本没考虑会不会把宝宝们给压碎了。母鸡轻轻一声召唤，跑开去的鸡雏们就立即回到自己的怀前膝下；母蝎却是用耙子一把，把孩子们给耙回面前来。但是，掉下去的小蝎子们全都安然无恙，它们一回到妈妈面前，便立即往它身上爬去，又聚集在妈妈的脊背上了。

即使并非自己的孩子，蝎妈妈也会像对待自己亲生子女似的接纳它们。如果我用毛笔尖把一只蝎妈妈背上的蝎宝宝全部或部分地扫下来，弄到另一只蝎妈妈伸手可及的地方，后者也会把它们耙到自己面前，如同对待自己的亲生儿女似的，而且心甘情愿地让这些新来的小宝宝爬到自己的背上去。它好像把它们"收养"下来了，不过"收养"一词不算过分野心勃勃的话。因为它分不清自己的孩子和别人家的孩子，所以凡是在自己爪子前面爬动的小宝宝它都全部接受下来。

我经常看到在地中海一带的常绿灌木丛中有母狼蛛背驮着小狼蛛们在散步，我一直也期盼着看到母蝎也这样驮着小蝎子们溜达。然而，母蝎并不了解这种消遣方法。一旦当了妈妈，母蝎有一段时间就不再外出了，即使在晚上，其他蝎子都外出戏耍的时候，它也不出门。它把自己禁锢在自己的小屋里，不吃不喝，一心想着抚养子女。

名师指导

对比手法表现母蝎爱的专注。

小宝宝们也确实弱不禁风，可以说它们必须经历第二次出生。此时它们正一动不动地在准备着第二次出生。它们对此已经熟悉，就像由幼虫蜕变为成虫一样。尽管小蝎与成年蝎外貌很相像，但轮廓线条却不够清晰，仿佛是透过雾气看到的似的。我怀疑它们得脱去身上的衣服才能变得矫健、威武。

它们这第二次出生必须一动不动地待在母蝎背上一个星期。接着，"弃皮"（我不敢称之为"蜕皮"）完成了。之所以称之为"弃皮"，是因为这与真正的蜕皮有所不同，真正的蜕皮它们以后还要经历许多次的。真正意义上的那几次蜕皮，是在胸廓上裂开一道缝，成虫从这唯一的一道裂缝中挣脱而出，把原先的空壳旧衣裳扔掉。这空壳的形状与刚从中爬出来的蝎子一模一样。

我们现在所看到的则完全是另一码事。我在一块玻璃片上放上几只正在弃皮的小蝎子。它们一动不动地待着，好像颇受煎熬，几乎支持不住了。它们外皮破裂，无特殊的破裂线，是同时在前后左右破裂的；足爪从护腿套中伸出，双钳抛开护手甲，尾巴抽出尾鞘；浑身的碎皮同时纷纷落下，像一堆破衣烂衫。这是一种杂乱无章的斑驳脱落。这之后，小蝎子才有了蝎子的正常外貌。此外，它们的行动也敏捷灵活了。尽管仍旧呈苍白色，但它们已蹦跳自如，急忙下地，跑到蝎妈妈跟前跑动、玩耍。最让人惊讶的进步是它们突然间长大了。朗格多克蝎的幼虫通常身长9毫米，可它们现在却已经有14毫米长了。黑蝎的幼虫身长从4毫米达到现在的6～7毫米，身长增加了半倍，体积增加了将近两倍。

在对这种突然增长感到惊讶之余，我就在寻思这种突然增长的原因何在。因为小蝎子尚未吃过任何食物，因为扔掉了一层外皮，它们体重并未增长，反而下降了。它们的体积增大，但重量未增，因此，这是一种产生一定程度的膨胀，与热处理的毛坯物体的膨胀相仿。体内产生了一种变化，把生命分子聚集成空间更大的结构体，所以虽无新的物质加入，体积却增大了。

我想，谁如果有极大的耐心并配备有一套合适的器械，就能够观察到这种结构的急速变化，从而获得某些有价值的材料。我才疏学浅，无此能耐，我把这道难题留给他人吧。

小蝎弃掉的外皮是一些白色条状物，一些上了光似的碎布片。它们并不掉落在地上，而是紧贴在蝎妈妈的背部，特别是附着在足爪根部附近，缠成一块柔软的毯子，刚弃皮的小蝎子就栖息其上。坐骑现在已披上马衣，骑手们坐在马上无须害怕身体摇晃。这层破衣烂衫做成的结实鞍辔为骑手们提供了把手足镫，任由它们上上下下，动作敏捷灵活。

当我用毛笔轻轻一拨，小蝎子们便纷纷落马，好玩的是

名师指导
写出了弃掉的外皮给小蝎子带来的安全保障。

它们又非常迅速地纵身上马，稳坐其上。它们抓住马衣垂条，用尾巴作杠杆，纵身一跃，上得马来。这种奇异的马衣是真正的攀登绳梯，方便了小蝎们迅速上马。它很结实，不会破裂，差不多可以使用一个星期，也就是说，用到小蝎脱离蝎妈妈的保护为止。

这时，小蝎体色显现：肚腹和尾巴染上了金黄色，钳子呈半透明的琥珀色的晶莹。青春使一切变得美丽，小朗格多克蝎确确实实非常美丽动人。如果它们一直像现在这种样子的话，如果它们不很快就配备上咄咄逼人的毒刺的话，它们就会是稀罕宠物，大家都会乐意喂养它们的。它们心中很快便升起了摆脱母亲监护的强烈愿望，很乐意爬下母亲的脊背，在附近疯玩乱耍，如果它们跑得太远，蝎妈妈便要呵斥它们，用双臂在沙土上耙，把它们聚拢起来。

在小憩之时，蝎妈妈与宝宝们的那副架势犹如母鸡带着雏鸡们憩息一样。大多数小蝎子都在地上，紧挨着蝎妈妈；有几只待在白马衣那舒适的坐垫上；有的小蝎子在蝎妈妈尾巴上爬高，攀上螺旋峰的高处，像是在饶有兴趣地居高临下地观看脚下的小蝎子群。突然间，又有新的杂技演员登场，把它们赶下高峰，取而代之。每个小蝎子都想看看这观景台到底是怎么回事。

大部分家庭成员都围在蝎妈妈的身边，一个个不停地拱动着，钻在妈妈肚子底下，蜷缩着，额头露在外面，两只小黑眼睛闪烁着。最爱动弹的小家伙则喜欢妈妈的足爪，那是它们的体育器材，在上面做高空杂技训练。然后，歇下来时，大家便又往妈妈背脊上爬去，找好位置，坐定下来，不再动弹，妈妈和孩子们全都不动了。

小蝎子成熟和准备离开妈妈监护的这个时期可持续一个星期，正好是不进食体积却扩大两倍的奇特时间。一窝小蝎子要待在蝎妈妈背上半个来月。母狼蛛驮着自己的小宝宝们长达六七个月，而小宝宝们虽然不吃不喝，却精神头儿十足，动弹个不停。蝎妈妈的小宝宝们在获得新生与灵活的蜕变之后，要吃点什么呢？蝎妈妈是否会邀请它们与它一道用餐？它是不是给它们留着自己的美食中更软嫩的佳肴？实际上，蝎妈妈谁也不邀请，它什么也没留着。

我给蝎妈妈放进一只蚱蜢，是从我觉得适合小蝎子们稚嫩的胃的小野味中挑选出来的。当母蝎毫不关心自己的孩子们，自己独个儿在细嚼慢咽那只蚱蜢时，一只小蝎子从其背上爬下来，伸出头去往下探看，想弄明白妈妈在干什么。它用爪尖触及妈妈的下颌，突然，它吓得连忙后退。它走开了，这是明智之举。正在津津有味地咀嚼的妈妈根本不会给它留下一口的，也许反倒会一把抓住它，毫不心疼地把它吞食掉。

蝎妈妈在吃蚱蜢脑袋，又一只小蝎子已经吊在了蚱蜢的尾部。小蝎子在轻咬轻拽蚱蜢，想吃上一点。最后，它未能如愿，因为这个部位太硬了。

我也见过一些这样的情景：如果蝎妈妈稍加关心，给小宝宝们一点吃的，那小宝宝们会很高兴享受一下的，特别是给的食物很适合它们那稚嫩的胃的话；然而，蝎妈妈只顾自个儿吃，其他的一概不管。

啊，我那让我度过美妙时刻的漂亮的小宝宝们呀，你们可怎么办呢？你们是想离家出走，去远处寻觅一些很不起眼的小虫子。我从你们焦急的乱蹿便看出这一点来了。你们要逃离自己的母亲，而它也不再认你们了。你们长得已很健壮，是该各奔东西的时候了。

如果我十分了解你们适合吃什么样的小活食，如果我时间充裕，可以为你们去寻找，我会很高兴地继续喂养你们的，但不是把你们继续养在你们出生的玻璃瓶子里的瓦片下，跟

📖 名师指导

转换人称，仿佛在与小蝎子亲昵对话。

那些老蝎子生活在一起。我了解那些老家伙，它们容不下别的蝎子，会把你们吃掉的，我的小宝宝们，甚至你们的母亲也不会放过你们的。在你们母亲的眼里，从今往后，你们就被视作陌路人了，来年，婚俗季节，你们忌妒成性的母亲可能会把你们吃掉的。该离去了，小宝宝们，三十六计走为上。

否则，我让你们住在哪儿？怎么喂养你们？我们最好还是分手吧！尽管我心中不免有点惆怅。过几天，我把你们送到你们的领地撒放出去，就是那个多石的山坡地，那里太阳可暖和啦！你们在那儿会找到一些伴儿的，它们同你们一样刚刚开始成长，但它们已经在自己的小石块下独立生活了，那些小石块有时只有指甲盖儿那么点大。在那里，你们比在我家里更能学会如何为生存而进行艰难的抗争。

❖ 阅读鉴赏 ❖

从乍见朗格多克蝎家庭，到观察母蝎的产卵、幼蝎的孵化、蝎妈妈对小蝎子的监护，再到母蝎放弃监护之后作者的心理活动，法布尔以他一贯的拟人化描写，向读者详细地讲述了朗格多克母蝎孕育幼蝎的过程。作者仿佛把自己置身于朗格多克蝎家庭中，用他温柔敏感的心去体验这个家庭的温馨和柔情。在作者的笔下，蝎子不再是我们印象中那个凶残的毒虫，而是温存的动物家族的一员。文章的语言平实朴素、通俗晓畅，字里行间洋溢着作者对小生命的怜爱以及对母爱的感动。无论昆虫，还是人类，母爱都有着伟大的共性。

❖ 知识拓展 ❖

-朗格多克-

朗格多克是法国葡萄酒十大产区之一，位于法国南部地中海沿岸，是全世界面积最大的葡萄种植园区。

天　牛

> 天牛是甲虫中的明星，不管是其点缀着艳丽花纹的狭长鞘翅，还是那穆桂英的盔缨般细长威武的鞭状触须，或是那硕大的复眼以及强有力的颚，都只能用一个"酷"字来形容。那么，你观察过天牛的幼虫吗？

我年轻时曾经对著名的肯迪拉克的雕塑崇拜万分。他认为天牛的嗅觉很发达，仅仅靠着嗅到的玫瑰花的香味便能产生各式各样的念头。我曾在 20 年间深信这种形式上的推理，满足于听取这个富有哲学思想的教士的神奇说教。我以为我只要嗅一下，雕塑便会活过来，能产生视觉、记忆、判断能力和所有心理活动，就像一粒石子可以在一潭死水中激起层层涟漪。然而在我的良师，即昆虫的教育之下，我放弃了幻想。昆虫所提出的问题比起教士的说教更深奥，正如同天牛将告诉我们的那样。

当灰色的天空预示寒冬即将来临的时候，我便开始着手储备过冬时取暖用的木材，忙碌给我日复一日的写作带来了一点点儿消遣。在我再三叮嘱之下，伐木工在他的伐木区为我选择了年龄最大且全身蛀痕累累的树干。我的想法让他感到好笑：他寻思我出于什么念头，需要这些蛀痕累累的木材；他认为优质的木材更易于燃烧。我当然有我的打算，这忠厚的伐木工按我的要求为我提供了木材。

现在轮到我们来观察了。在漂亮的橡树干上可以看到一条条伤痕，有些地方则被开膛破肚，橡树那带着皮革味道的褐色眼泪在伤口处发光。树枝被咬，树干被啮噬。那么在树干的侧面又有些什么呢？是些对我的研究极为珍贵的财富。在干燥的沟痕中，各种各样过冬的昆虫已经做好了宿营的准备。扁平的长廊，是吉丁的杰作；壁蜂已经用嚼碎的树叶在长廊中筑好了房间；在前厅和蛹室里，切叶蜂已经用树叶制成了睡袋；在多汁的树干中，则憩息着天牛，它们才是毁坏橡树的罪魁祸首。

相对生理结构合理的昆虫，天牛的幼虫多么奇特啊！它们就像一些蠕动的小肠。在每年这个季节，即中秋时节，我都能看到两种年龄段的天牛幼虫，年长的幼虫有一根手指粗细，另一种则只有粉笔直径大小。另外，我还看到过颜色深浅各异的天牛蛹和一些完全成形的天牛，它们的腹部都是鼓胀的。等到天气转暖，它们就会从树干中出来。它们在树干中大约要生活 3 年。这样漫长而孤独的囚禁日子，天牛是如何度过的呢？事实上，天牛缓慢地在粗壮的橡树干内爬行，它们挖掘通道，用挖掘出来的东西作为食物。

修辞学中有"约伯的马吃掉了路"的比喻，而天牛的幼虫吃掉了路却是实实在在的。它的上颚像木匠的半圆凿，黑而短，但极强健，虽无锯齿却像一把边缘锋利的调羹，天牛用它来挖掘通道。钻下来的碎屑经过幼虫的消化之后被排泄出来，堆积在幼虫身后，留下一条被啃噬过的痕迹。工程中挖出来的碎屑进入幼虫的肚子后，给幼虫开辟出了前进的道路。幼虫一边挖路，一边进食。随着工程的进展，道路被挖掘出来；随着残渣不断阻塞在身后，幼虫不断地前进。所有的钻路工一般都是这样从事自己的工作的，既获得了食物，同时又找到了安身之所。

为了使两片半圆凿形的上颚能顺利工作，天牛幼虫将肌体的力量集中于身体前半部，使之呈现出杵头的形状。另一个优秀的木匠，吉丁幼虫也是用同样的姿势进行工作。吉丁幼虫的杵头更为夸张，用来猛烈挖掘坚硬木层的那部分身体应该具有强健的肌肉；而身体的后半部由于只需跟在后面，因此显得较纤细。更重要的是，天牛幼虫的上颚作为挖掘工具，具有强力的支撑力量。围绕在天牛幼虫嘴边的黑色角质盔甲，是用来加固上颚的。除此之外，

幼虫其他部位的皮肤像缎面一样细腻，像象牙一样洁白。这种光泽与洁白来源于幼虫体内营养丰富的脂肪层。这对饮食如此贫乏的昆虫来说，是多么难以想象啊！确实，整天不停地吃是天牛幼虫唯一的事情。那些不断进入胃里的木屑，不间断地给幼虫补充些微量的营养成分。

天牛幼虫的足有三部分。第一部分呈圆球状，最后一部分呈细针状，这些是退化的器官，足长仅仅只有 1 毫米，对于爬行是毫无作用的。因为身体肥胖，天牛幼虫的足够不到支撑面甚至不能用于支撑身体。天牛幼虫用于爬行的器官属于另外一种类型。金匠花金龟幼虫已经向我们展示过它是如何利用纤毛和脊背的肥肉，把普通的习俗颠倒了过来，仰面爬行的。天牛幼虫更为灵巧，它既可以仰面爬行也可以腹部朝下行走；它用爬行器官取代了胸部软弱无力的足。这种爬行器官背离常规，长在背部。

名师指导

对比突出了天牛的灵巧。

天牛幼虫腹部有 7 个环节，上下长有一个布满乳突的四边形平面。这些乳突，使幼虫可以随意膨胀、突出、下陷、摊平。上面的四边形平面再一分为二，从背部的血管分开来，下面的四边形平面则看不出有两部分。这就是天牛幼虫的爬行器官，类似棘皮动物的步带。如果天牛幼虫想前进，它首先鼓起后部的步带，即背部和腹部的步带，压缩前半部的步带。由于表面粗糙，后面几个步带将身体固定在窄小的通道壁上以得到支撑。压缩前面几个步带同时尽量伸长身体，缩小身体的直径，这样它便向前滑动爬行了半步。走完一步，它还要在身体伸长之后，把后半部身体拖上来。为了达到这一目的，幼虫前部步带鼓胀起来作为支点，同时后部步带放松，能让体节自由收缩。借助背部和腹部的双重支撑，交替收缩和放松身体，天牛幼虫在自己挖掘的长廊中进退自如，就像工件能在楔子里进退自如一样。但是如果上下两方的行走步带只能用一个，那它就不可能前进。

如果将天牛幼虫放在光滑的桌面上，会发现虽然它慢慢弯起身体乱动着，伸长身体收缩，却不能向前一步。一旦将它放在有裂痕的橡树干上，因为树表凹凸不平，天牛幼虫便可以从左到右，又从右到左缓慢地扭曲身体的前半部，抬起、放低，又重复这一动作。这是它最大的行动幅度。它那退化的足一直没有动，丝毫不起作用。它为什么会有这样的足呢？如果在橡树内爬行真的使它丧失了最初发达的足，那么完全没有这些足岂不更好？环境的影响使幼虫长着步带，真是太绝妙了。但让它留下残肢，不又太可笑了吗？那么，是不是天牛幼虫的身体结构不是受生存环境的影响而是服从其他法则呢？

成虫敏锐的视力在幼虫身上没有丝毫的雏形，在厚实而黑暗的树干内生活，视力对幼虫又有什么用处呢？天牛幼虫也同样没有听觉能力。在橡树内生活，没有任何声响，听觉当然也毫无意义。在没有声音的地方，为什么需要听力呢？如果有人对此有怀疑，我可以用以下的实验来回答。削开树干，留下半截通道，我便能跟踪这个正在橡树内工作的居民。环境很安静，幼虫时而挖掘前方的长廊，时而停下来休息片刻，休息时它用步带将身体固定在通道两壁。我利用它休息的时间来了解它对声音的反应。无论是硬物碰撞发出的声音，金属打击发生的回响，还是用锉刀锉锯子的声音，天牛幼虫对这些声响都无动于衷，既没有皮肤的抖动也没有警觉的反应，甚至我用尖头硬物刮它身旁的树干，模仿其他幼虫啃噬树干的声音，也没有取得更好的效果。人为的声响对于天牛幼虫就像是对于无生命的东西一样毫无影响。天牛幼虫是毫无听觉能力的。

天牛幼虫有嗅觉吗？各种情况都说明没有，嗅觉只是作为寻找食物的辅助功能，但是天牛幼虫却无须寻找食物。它以提供它栖身之所的木头维持生命。另外，让我们来做几个实验。我在一段柏树干中挖了一条沟痕，直径与天牛幼虫长廊的直径完全相同。然后，我将天牛幼虫放入其中。柏树有很浓的味道，即具有大多数针叶植物都拥有的强烈的树脂味。当天牛幼虫被放入气味浓郁的柏树沟痕之中后，很快便爬到了通道的尽头，接着就不动了。这种不动的静止状态难道不就证实了天牛幼虫缺乏嗅觉能力吗？对长期居住在橡树内的天牛幼虫来说，树脂这种独特的气味总会引起它的不适和反感吧？而这种不快的感觉也应该会通过身体的抖动或有逃走的企图表现出来。然而，完全没有类似的反应。一旦找到合适的位置，幼虫便不再移动了。

我于是又做了更好的实验，我将一撮樟脑放在天牛幼虫长廊里距天牛幼虫很近的地方，仍然没有效果。我又用萘①进行了同样的实验，仍然是徒劳。经过这些毫无效果的实验之后，我认为否定天牛幼虫有嗅觉不会有太大的问题。

天牛幼虫有味觉则是无可争议的。但是，这是怎样的味觉呢？在橡树内生活了3年的天牛幼虫唯一的食物便是橡树，再没别的。那么天牛幼虫的味觉器官又如何评价这唯一的食物的滋味呢？吃到新鲜多汁的橡树干会觉得美味，吃太干燥又没调味品的树干会觉得干。这可能就是天牛幼虫全部的品味标准。

剩下的便是天牛幼虫的触觉。它分布很散，而且是被动的，任何有生命的肉体都具有触觉，被针刺会痛苦扭曲。总之，天牛幼虫的感觉能力只包括味觉和触觉，而且都相当迟钝。这就让人想起了肯迪拉克的雕塑，哲学家心中理想的生物只有嗅觉这一种感觉能力，同正常人一样灵敏；而现实中的生

> **名师指导**
> 与文章开篇雕塑家肯迪拉克的观点相呼应。

---

① 萘（nài）：一种有机化合物，无色结晶，有特殊气味，可以用来驱虫。

物，橡树的破坏者天牛幼虫却具有两种感觉能力，但两者加起来，与前者能分别玫瑰花和其他事物的嗅觉能力相比，则迟钝得多。现实与幻想大相径庭。

那么，像天牛幼虫这样消化功能强大而感觉能力极弱的昆虫，它的心理状态是由什么构成的呢？我们脑海中常常会有个不切实际的愿望：能够用狗迟钝的大脑进行几分钟思考，用蝇的复眼来观察人类。那样，事物外表的改变是多么巨大呀！那么通过昆虫智力来解释世界，变化就更大了！触觉和味觉会给那些已经退化的感觉器官带来些什么呢？很少，几乎没有。天牛幼虫只知道，好的木块有一种收敛性的味道，未经仔细刨光的通道壁会刺痛皮肤。这就是它的智慧能达到的最大限度。相比较而言，肯迪拉克认为拥有良好嗅觉的天牛是科学中的一大奇迹，一颗灿烂的宝石，它可以回忆往事，比较、判断，甚至推理，可现实中这个半睡眠的大肚子，会回忆吗？会比较吗？会推理吗？我把天牛幼虫定义为"可以爬行的小肠"。这个非常贴切的定义为我提供了答案：天牛幼虫所有的感觉能力，就是一节小肠所能拥有的。

然而，这个无用的家伙却有神奇的预测能力，它对自己现在的情况几乎一无所知，然而却可以清楚地预知未来。我将就这一奇怪的观点做一番解释。在两年之中，天牛幼虫在橡树干内流浪生活。它爬上爬下，一会儿到这里，一会儿到那里；它为了另一处美味而放弃眼前正在啮噬的木块，但它始终不会远离树干深处，因为这里温度适宜、环境安全。当危险的日子来临时，这个隐居者不得不离开蔽身之所而去面对外界的危险。它必须离开此处。天牛幼虫已经拥有了良好的挖掘工具和强健的体魄，钻入另一环境优良之处并非难事。但是未来的成虫天牛，它短暂的生命应该在外界度过，它有这样的能力吗？在树干内部诞生的长角昆虫知道为自己开辟一条逃走的道路吗？

这就得靠天牛幼虫凭直觉解决困难。虽然我有清晰的理性，但却不如它那样熟知未来，我还是求助一些实验来说明问题。从实验中我首先发现，成年天牛想利用幼虫挖掘的通道从树干中逃出是不可能的事情。幼虫的通道就好比是一个复杂、漫长且堆放了坚硬障碍物的迷宫，直径从尾部向前逐渐缩小。当幼虫钻入树干时它只有一段麦秆的大小，到现在它已长成手指般粗细了。在树干中 3 年的挖掘工作，幼虫始终是根据自己身体的直径进行工作的。结果很明显，幼虫进入树干的通道和行动的道路已经不能作为成虫离开树干的出口了。成虫伸长的触角、修长的足，还有它那无法折叠的甲壳，会在原先曲折狭窄的通道内碰到无法克服的阻碍，必须得清理通道里的障碍物并大大加宽通道的直径。开辟一条笔直的新出路对于成虫天牛而言，难度就要小一些。但是，它有能力这么做吗？我们拭目以待。

我将一段橡树干劈成两半，并在其中挖凿了一些合适天牛成虫的洞穴。在每一个洞穴中，我各放入一只刚刚完成变态的成虫天牛。这些天牛是我十月份从过冬的储备木材中发现的，我将两段树干用铁丝连成一段。6 月份到了，我听到树干中传出了敲打的声响。天牛们会出来吗？还是无法从中逃脱？我认为它们逃跑的工作并不那么艰辛，因为它们只需钻一个 2 厘米长的通道便可以逃走。然而，没有一只天牛从中逃出来。当树干没有响动的时候，我剖开了它，里面的俘虏全部死了，洞穴里只有一小撮木屑，还不足一口烟的烟灰量，这便是它们全部的工作成果。

我对成虫天牛的上颚这强劲的工具期望过高了。但是，我们都知道，工具并不能造就好的工人，尽管它们拥有良好的钻孔工具，但是这个长期的隐居者由于缺乏技巧，在我的洞穴中死去了。我于是又让另一些成虫天牛经受了较为缓和的实验。我把它们关在直径与天牛天然通道直径相当的芦苇管中，用一块天然隔膜作为障碍物，隔膜一点也不坚硬而且只有三四毫米厚。结果发现，有一些天牛能从芦苇管中逃出，另一些则不行，那些不够勇敢的天牛被隔膜堵在芦苇管中死了。如果它们必须得钻通橡树干，会是什么样呢？

于是，我们深信：尽管拥有强壮的外形，天牛成虫却无法靠自己的力量从树干中逃脱出来。开辟解放之路，还得靠貌似小肠的天牛幼虫的智慧。天牛以另一种方式再现了卵蜂的壮举，卵蜂的蛹身上长有钻头，为以后那长翅无能的成虫钻出通道。出于一种不可知的神秘预感的推动，天牛幼虫离开它

安宁的蔽身所，离开它那无法被攻克的城堡，爬向树表，尽管它的天敌啄木鸟正在找寻味美多汁的昆虫，但是它冒着生命的危险，固执地挖掘通道，直到橡树的皮层。它只留下一层薄薄的阻隔作为遮掩自己的窗帘。有时有些冒失的幼虫甚至捅破窗帘，直接留出了一个窗口。这就是天牛成虫的出口，它只需用上颚和额角轻轻捅破这层窗帘便可逃生。如果窗口是通的，它无须劳作便可以从已经打开的窗口逃走，这是常有的事情。这样，成虫天牛这身披古怪羽饰、笨手笨脚的木匠等到天气转暖时就能从黑暗中出来。在为将来逃走做好准备之后，天牛幼虫又开始操心眼前的工作了。在挖好窗户之后，它退回到长廊中不太深的地方，在出口一侧凿了一间蛹室。我以前还未曾见过如此陈设豪华、壁垒森严的房间。这是一个宽敞的长椭圆形的窝，长达 80~100 毫米，椭圆结构的两条中轴，长度不一样，横轴长为 25~30 毫米，纵轴则只有 15 毫米。这个尺寸比成虫的长度更长，方便成虫足部自由活动。当打破壁垒的时机来临时，这样的居室不会给天牛成虫造成任何行动上的不便。

上面所提及的壁垒是天牛幼虫为了防御外界敌害而设置的房间的封顶，有二至三层。外面一层由木屑构成，是天牛幼虫挖掘工作的残存物。里面一层是一个富含矿物质的白色封盖，呈凹半月形。通常情况下，最内侧还有一层木屑壁垒与前两层连在一起，但并不是绝对如此。有了这么多层壁垒的保护，天牛幼虫便可以安稳地在房间里为变成蛹做准备工作了。天牛幼虫从房间壁上锉下一条一条的木屑，这便是细条纹木质纤维的呢绒。这些呢绒又被天牛幼虫贴回到四周的墙壁上，铺成一层不到一毫米厚的墙毡。房间四壁就这样被天牛幼虫挂上了双面绒的地毯，这就是这个质朴的幼虫为蛹精心准备的杰作。

现在我们回头再看看布置最奇特的部分——那层堵住入口的封盖。这是一个白石灰色的椭圆形帽状封盖，坚硬、含钙较多，内部光滑，外面呈颗粒状突起，好似橡栗的外壳。这种外表突起的结构说明，这层封盖是天牛幼虫用糊状物一口一口筑成的。封盖外部由于天牛幼虫无法触碰到，无法修饰，于是凝固成细小的突起；而内侧一面则在幼虫的能力范围之内，被锉得光滑、平整。天牛幼虫给我们展示的这个绝妙的标本有什么性质呢？它像钙那样，既坚硬又易碎。它不用加热就可以溶于硝酸并随之释放出气体。溶解的过程很漫长，一小块封盖往往需要数小时才能溶化。溶化之后剩下一些淡黄色的，看上去类似有机物的絮状沉淀物质。如果加热，封盖会变黑，这证明其中含有可以凝结矿物的有机物。在溶液中加入草酸氨之后，溶液变得混浊，而且留下白色沉淀。从这些现象便可以知道封盖中含有碳酸钙。我想从中找到一些尿酸氨的成分，因为这种物质在昆虫成蛹过程中非常常见，但是我没有发现这种物质。因而可以断定，封盖仅仅是由碳酸钙和有机凝合剂构成，这种有机物大概是蛋白质，使钙体变得坚硬。

通道修好，房间用绒毯装饰完毕，用三重壁垒封起来之后，灵巧的天牛幼虫便完成了它的使命。于是，它放弃了它的挖掘工具，进入蛹期。处于裸期的蛹虚弱地躺在柔软的睡垫上，头始终朝着门的方向。表面上看来，这是无关紧要的细节，实际上，这却极为必要。幼虫由于身体柔软，可以随意在房间里翻转，因而头朝向哪个方向并没有什么区别。然而，从蛹中生出的天牛成虫却没有自由翻转的特权。由于浑身穿有坚硬的角质盔甲，成虫天牛无法将身体从一个方向转向另一个方向，甚至会因为房间的狭窄而无法弯曲身体。为了避免不被囚死于自己建造的房间里，它的头必须朝向出口。如果幼虫忽略了这一细节，如果在蛹期天牛头朝向房间底部，天牛成虫就必死无疑，它的摇篮将会变成无法逃脱的囚笼。

但是无须为这种危险而担忧，这节小肠如此会为将来打算，它不会忽略这一细节而头朝里进入蛹期的。暮春时节，力气恢复的天牛向往着光明、向往着光辉的节庆，它想出门了。它面前是什么呢？一些细小的木屑，三下五除二便可以将其清除；接下来是一层石质封盖，它无须将其打碎，因为只要用它坚硬的前额一顶或用足一推，这层封盖便会整块松动，从框框中脱落。

我发现被弃置的封盖都是完好无损的。最后是第二层由木屑构成的壁垒，它与第一层一样容易清除。现在，道路通畅了，成虫天牛只要沿着通道便可以准确无误地爬到出口处，如果窗户事先没有打开，它只要咬开一层薄薄的窗帘即可，这是一件简单的工作。现在成虫天牛出来了，它长长的触须激动得不停地颤抖。

天牛对我们有什么启发呢？天牛成虫，对我们没有任何启发，但天牛幼虫却对我们启发颇多。这个小家伙感觉功能这么差，预见能力却如此奇特，令我们深思。它知道未来的天牛成虫无法穿透橡树而从中逃走，于是它冒着危险自己动手为成虫挖掘出口；它知道天牛成虫由于具有坚硬的甲壳而无法自由翻转身体，找到房间的出口，于是它便关怀备至地让头朝房间门而卧；它知道蛹期的天牛肌体柔弱，于是用木质纤维的毛绒布置卧室；它知道敌害随时会在漫长的蛹期发动进攻，于是为了完成修筑洞穴和壁垒的工程，它便在胃内储存了石灰浆。它能够准确地预知未来，我们可以更确切地说，它正是按照它对未来的预见而工作的。那它这些行为的动机又从何而来呢？当然不是靠感觉的经验。对于外界它又了解些什么呢？我们再重复一遍，只是一节小肠所能知道的那么多，但这贫乏的感觉让我们赞叹不已。我非常遗憾，那些头脑灵活的人只想象出一个只能嗅出玫瑰花香的肯迪拉克式的动物，而没有想象出一个具有某种本能的形象。我多么希望他们能很快认识到：动物，当然包括人类，除了感觉能力之外，还拥有某些生理潜能，某些先天的而并非后天的启示。

❧ 阅读鉴赏 ❧

　　本文的主角是天牛的幼虫，而不是我们所熟知的成虫。它虽然只是一节没有视觉和嗅觉的"蠕动的小肠"，却冒着生命危险为成虫开辟出口，修建陈设豪华、壁垒森严的房间，并且在化蛹后头"始终朝着门的方向"。我们不禁感叹幼虫强大的生理潜能和其祖先在不断进化中遗留下的启示。同时，我们也为幼虫这种独特的预见能力所感动、所折服。

　　鲁迅曾评论法布尔说："他以人性观照虫性，并以虫性反观社会人生。"法布尔通过细致入微的观察为我们开启了昆虫世界的大门，天牛的故事让我们体会到生命是真理的化身，在朴实清新、生动活泼、轻松诙谐、充满了盎然的情趣和诗意的描述中提出了对生命价值的深度思考，无形中指引着读者在昆虫的"伦理"和"社会生活"中重新认识人类思想、道德与认知的准则。在此，我们也不得不佩服法布尔严谨的态度以及每一个结论的得出都要经过严格实验的科学精神。

❧ 知识拓展 ❧

-樟　脑-

　　樟脑也称潮脑，是一种从樟树枝叶中提取的无色透明的固体物质。樟脑味苦，有清凉的香味，容易挥发，可供制作赛璐珞、炸药、香料等。它可用于防蛀虫，也用于医药和化学工业，医药上可以做强心剂和防腐剂。

松毛虫长征

> 松毛虫，不就是那个整天匍匐前进、行动缓慢的小虫？难道松毛虫也会像矫健、勇武的战士一样远途出征？实在不敢相信，还是到文章里面探个究竟吧！

1896年1月结束前的第三天，正午光景，我忽然发现一支成员极多的松毛虫队伍正攀缘缸壁，走在前头的已经开始抵达它们最喜欢的缸沿儿。虫队鱼贯而行，缓缓穿越缸壁，依次登上缸沿儿，然后串联成疏密均匀的队列，开始向前行进。此时此刻，还有毛虫陆续抵达缸沿，不断增加着虫队的长度。我在一旁等待丝带首尾合拢，也就是说，等待始终沿环形缸沿儿爬行的队长，重新绕到进入环形跑道时的入口处。一刻钟后，它绕回来了，几乎和一个圆环别无二致的循环跑道，就这样令人叫绝地形成了。

现在，该把仍在缸壁上排成攀登纵队的那些毛虫全部撵开了，如果它们过多地抵达缸沿儿，串联虫队的最佳序列状态就要遭到破坏。另外，所有铺设在缸壁上的细丝小路，包括刚铺上的和早铺好的，也应该清除干净，否则它们会使缸沿儿和地面沟通起来。我先操起大毛笔，把多余的登山队员们扫掉；接着抓起硬毛刷，仔细清刷缸壁，不仅沟通上下的丝线荡然无存了，而且连毛虫的气味也清除干净了，说不定气味真会招致试验失败呢。准备工作就绪，我们等着观看一场奇特的表演吧。首尾相接的环行虫队，不再有什么队长，每只毛虫头前都有一只毛虫，每只毛虫尾后都跟着一只毛虫，它们都踩着前一位伙伴的脚印，在集体的杰作——丝路的引导下，向前迈步。整根链条上的每个环节，都重复着同一套动作。没有一只毛虫发号施令，换句话说，没有一只毛虫凭心血来潮的意志改变路线。所有毛虫依然怀着对领路者的信任，亦步亦趋地爬行，却不知那正常情况下在队首开道的队长，由于我小施妙计，实际上已经被免职了。

缸沿儿上转过第一圈，丝线轨道即铺设就位。环行虫队不断将丝线垂放在路面上，单股线很快变成了窄丝带。轨道一再铺回始发点，却没有出现一股岔道，因为我的硬毛刷已事先破坏了所有岔道儿。在这条诱骗它们上当的环行小道上，毛虫们将如何作为呢？它们是否将没完没了地兜圈，直到精疲力竭为止呢？

古代经院哲学中，有一个"彼力当之驴"的典故，说的是一头赫赫有名的驴子的事。这头驴被牵到左右两份燕麦饲料当中，它最后竟不得不活活饿死了。它无法打破指向相反而强烈程度相等的两个欲望之间的平衡，因此就下不了到底吃哪一份燕麦饲料的决心。以往，人们是在诋毁那头可敬的驴子。其实驴子并不比其他动物笨，面对逻辑所设的圈套，它似乎已经做出了自己的反应，那就是：二者都想吃。我的毛虫们能不能有驴子那么一丁点儿心呢？它们被长时间困在不得出路的环形道上，经过反复尝试，会不会悟出如何打破那环路封闭体系的平衡呢？只要从任何一侧偏离轨道，就可以到达它们的饲料，即近在咫尺的翠绿松枝。它们究竟会不会下定决心，偏离轨道，采用这唯一可以达到目的地的方法呢？

我相信，它们一定会这样做。可是我想错了。我当时想的是，转上一两个小时，虫队就能发现自己上当了，到那时，弄虚作假的道路一定会被抛弃，毛虫们随便找个地方，就可以实施下山行动，没有任何东西能阻止它们离去，因为若留在上面忍受饥寒交迫的折磨，简直就是愚钝到了令人难以接受的地步。然而，事实偏要我接受难以置信的事情。现在我们看看事情的详细经过。

1月30日，时近正午，天气晴朗，串联虫队开始了环行运动。每只毛虫都跟随着前面的毛虫，大家一板一眼地踩着脚步，长链没有任何断口，偏离轨道的事情绝不可能发生，所有成员机械地随着大队，就像钟表盘上的指针那样，忠实地踩着它们的圆周走。没有了领队的行军序列，同时也就丧失了自由和意志，它变成了一个齿轮。几小时过去，而后又是几小时，此情此景依然持续。它们

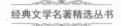

把事情做到如此地步，大大超出了我凭主观臆断所做的十分大胆的预料。我情不自禁地为之赞叹，确切地说，我是被惊呆了。

循环运动往复不止，最初的窄轨，眼下已经变成2毫米宽的华美绝伦的丝带。一眼望去便会看到，在缸沿儿形成的微红色底布上，那丝制的饰带正闪闪发光。白昼已进入尾声，跑道的位置仍没有出现任何变化。另一个惊人的事实，更能说明问题。

严格地讲，那轨道不能算是一条平面曲线，而是绕曲线。轨道在某一点上出现一处折弯，溜滑到缸沿儿凸边的下面，而后又重新斜爬上缸沿儿的表面，偏离出缸沿儿路面的这段距离，算起来有20厘米。从第一圈环行开始，我就用铅笔在缸体表面标明了这两处折弯点的位置，就这样，整个下午过去了，更能令你心服口服的是，这之后又一连好几天，都这样过去了。从这场法浪多乐舞开始跳起，一直到跳得发疯走样儿为止，我都看到毛虫的丝绳从前一个折弯点下沉，迂回到后一个折弯点，再从那里浮上缸沿儿表面。第一圈丝线一旦安置就位，以后要走的路线便不可更改地确定下来。

路线是一成不变的，但速度不是这样。根据我的测量，虫队行进的速度是平均每分钟9厘米，途中歇脚的时间，每次长短不一。再有，行进速度有时会减慢，尤其是在气温逐渐下降的时间里。

晚上10点钟，毛虫们不过是在懒洋洋地拱着屁股而已，虫队看上去好像一串有气无力的波浪，下一次停止走动的时刻就要到了，因为气温已经降了下来，虫子们累了，而且一定也饿了。

此时正是开始放牧的时候。温室内，所有虫窝里的毛虫都成群结队地出动了，它们爬到自己丝袋窝巢的近旁，啃食我事先插放在那里的松枝。园子里的毛虫，在这气温还不算低的夜晚，也纷纷出来觅食。唯独这一群毛虫，此刻仍列队趴在黏土质大缸的缸沿儿上，它们肯定正盼着赶赴会餐场所，经过10个小时的散步，只要见到吃的，准不会放过。离它们一尺远的地方，就有精工细做的美味的翠松枝，只需往下爬动一下，美食便唾手可得。可这些窝囊废下不了决心，始终执迷不悟，甘做丝带的奴隶。十点半的时候，我离开这忍饥挨饿的虫队，但心里仍然深信，黑夜会开导它们，天亮后一切将恢复正常。

这一回我又错了，我对它们的期望太高了，我总觉得，如果谁肚皮空空地忍受饥饿的折磨，他会于恍恍惚惚之中产生清醒的一闪念，为此我相信，毛虫们也会产生这一闪念的。第二天黎明，我便跑去察看它们的情况，毛虫们依然排着前一天的队伍，只是一点儿也不活动。气温稍稍回升，懵懂①昏沉之中，它们抖擞一下精神，接着便动作起来，再度踏上征程。串联虫队重新开始兜圈，情形和前一天完全一样，那股不开窍的顽固劲儿，无所增减，依然如故。

当天夜里，天气突然恶化，出现一场骤寒。前半夜开始的时候，园子里的毛虫已经传出天将有变的信息，尽管天气看上去很不错，它们却拒不出动。然而，凭着迟钝的感觉，根据表面的现象，我当时还自以为已经看出好天气将持续下去呢。破晓时分，迷迭香通道上霜晶闪耀，这是进入本年后的第二次寒潮，园子里那大水池，整个水面上都是寒夜留下的痕迹。温室里的毛虫会怎样呢？走，看看去。

所有的毛虫都躲在窝里，只有一部分不在了。不在的就是那群坚韧不拔的家伙，它们现在正结成长串，待在缸沿儿上。当我这一回看到它们时，却发现它们分别挤成两堆，毫无秩序可言。它们这样挤在一起，身体贴着身体，为的是少受点儿挨冻的罪。

这的确是不幸的遭遇，然而这不幸对一件事来说，恰恰成了万幸。寒夜将圆环截成两段，这就有可能为采取拯救行动创造机会。两个部分的毛虫都开始活跃起来，用不了多少时间，踏上征途的虫队就会出现队长，队长不必跟在哪只毛虫后面，所以它的步履将比较自由，并且能把自己的串联队伍带离轨道。

---

① 懵（měng）懂：对事物模糊，只是粗浅的了解。

要知道，在通常情况下，走在结串而行的毛虫头一个的，实际上肩负着侦察兵的使命。只要不突然发生激起群体骚动的事件，所有其他毛虫都安安稳稳地排在队列当中；侦察兵则全神贯注地履行自己的职责，不断斜伸出脑袋，左顾右盼，打探着、寻找着、摸索着、选择着，它这些行为就是在做决策，大队人马只管忠实执行它的旨意就是了。应该说明一点，即使脚下踏着已经走过的老路，而且路上铺设了丝带，领队的毛虫仍然一如既往，一刻不停地勘察路线。

我相信，只要能脱离缸沿儿，肯定会有得救的机会，我们等着瞧吧。痴呆症旧病复发，毛虫们又开始列队，缸沿儿上逐渐形成彼此独立的两个序列的雏形。这样一来，出现了两个步履自由、各自为政的行军首长，两位首长最终能不能走出魔环呢？有一段时间，两位队长的大黑头频频摆动，看着这副心急如焚的神态，我确信它们一定能走出魔环。但是很快，我感到势头儿不对，随着扎堆儿的毛虫不断加入环行行动，分成两段的长链又衔接上了，魔环重新弥合，两位任职一时的队长，再度变成普普通通的随从。更有甚者，整整一天过去了，毛虫们依旧排着那环形圈队。

随之而来的，又是一个起初气氛宁静、群星璀璨，后来却招致严重霜冻的夜，接着，又一个白天来到了，缸上串联虫队与众不同，独自露天过了一夜，现在正挤在一处。我前去观看这群执迷不悟的虫子如何觉悟，其中许多成员，已经从两侧脱离开那条致命的丝带。第一个迈步的，可巧正在环路之外爬动。它处在一片崭新的区域，正六神无主地冒着险。只见它向上爬，爬到缸沿儿脊梁，然后翻越过去，从另一侧往下爬，最后抵达缸内的底土。另有 4 只毛虫尾随而去，但仅仅是这 6 只。虫队其他成员，大概还没有从恍惚迷离的睡眠状态中清醒过来，一个个连身子都懒得晃一晃。

落后一步，其后果便是再度置身于往日的漂泊，众毛虫踏上丝带跑道，排队转圈又重新开始。但是这一次，长队的圆环已经出现缺口，缺口造就的排头兵，在带队方法上没有任何革新尝试，彻底摆脱魔环的良机就在眼前，只是领路的不知道利用。

至于那些深入缸底腹地的，其实命运并没有什么改观。它们攀登到棕榈树顶上，忍受着饥饿的折磨，四下里寻找牧场和饲料。树上的一切都不是味儿，它们只好摸着来路上的丝线，踩着自己的脚印往回走，再爬上缸口，重新找到串联大队。顿时，焦虑烟消云散，7只身影一头钻进大队的行列。就这样，圆环又完整无缺了，队伍仍旧是一个旋转着的圆圈。

到底何时才能摆脱出去呢？有个传说，讲的是一群可怜的生灵，他们被引诱进一条无法走到尽头的环形通道，只有等到一滴圣水降临，才能消解诱惑它们的那股可怕的魔力。有什么幸运之水能溅落在我的毛虫身上，止消它们的环行运动，从而把它们领回家呢？

我以为，若要驱散魔力，摆脱环道，办法有两种。所谓两种办法，其实是两种严峻的考验。办法之一，以寒冷造成蜷缩，这样一来，毛虫们杂乱无序地聚集在一起，其中一部分成员拥挤在道路上，而为数更多的成员则集结在道路之外。不在道上的这些毛虫当中，迟早会产生出一位蔑视走老路的革新者，它将踏出一条新路，把队伍带回住处。我们刚才看到了这样一个实例，已经有7只毛虫深入缸底，爬上棕榈树。的确，那是一次没有取得成果的尝试，然而毕竟是尝试了，要想大功告成，只需朝相反方向的坡道爬行就够了。两个方向上的行动机遇，已被它们抓住一个，这着实不少了，下一次一定能获得更大成功。

办法之二，以征途劳顿和长时间饥饿造成精疲力竭。这样的话，总会出现一只腿脚受伤的毛虫，它将止步不前。这只毛虫体力不支了，但它的前方，串联虫队依然会继续行进一段时间，队伍渐渐密集起来，队尾会出现一段空当。于是，歇脚的成了打头的。等到它继续前进时，自己就成了由断口造就的队长，这位队长的前方空空如也，只要它冒出一丝哪怕并不清晰的谋求自由的念头，就可以把整个大队拉到全新的小道上去，而那小道，很可能就是一条救命之路。

总而言之，为使备受磨难的毛虫列车脱离窘境，就必须一反我们的观念，故意制造一起列车出轨事故。出轨之举，完全取决于队长一时的心血来潮，因为只有它才可能向左右偏离，但如果圆环不断，能够掌握出轨权的队长是根本无从产生的。归根结底，圆环断裂这绝无仅有的良机，是由秩序紊乱导致的停止前进造成的。至于停止前进的主要原因，则是超过忍耐限度的疲劳或寒冷。

可以用来解救蒙难者的各种事件，特别是那种由疲劳造成的事故，事实上在相当频繁地发生着。就在当天，这运行着的圆周曾多次分解为两三个弧形段，可过不多久，其联系力又都发挥作用，结果事态始终无法得到改变，能够把毛虫们从那里带走的果敢创新者，一直都没有获得灵感。

和前几夜一样，这又是一个寒夜，寒夜过去后，迎来的是第四个白天。这一天，仍未打开新局面，值得一提的，只有下面这点儿状况。昨天钻进缸内的几只毛虫，留下了自己的路线痕迹，我没有把丝痕清除。今天上午，这条最终与环路复接的路线，被毛虫们重新发现了，全队中有一半成员，利用它去参观了缸内的底土，还攀上了棕榈树；另一半成员依然留在缸沿儿上，沿着旧轨道转悠。到了下午，游离出去的那队毛虫，重新与循环轨道上的虫队接上头儿，环行圈又完整无缺了，事物全然恢复原状。

现在是第五天了。昨夜的霜冻更厉害，但总算还没有殃及温室。继寒夜之后，是一个碧空万里、平静祥和的艳阳天。玻璃窗刚被阳光稍稍照热，扎成堆儿的毛虫便苏醒过来，接着又开始在缸沿儿上继续它们的运动。第一天开始时那严整的阵容，眼下已经骚动不安，队形出现混乱，这显然是下一次解放运动的先兆。用于探察缸内情况的道路，已经在昨天和前天铺设了虫丝，今天，一部分队伍从这条路线的起点出发了，但继而踏出的是又一条岔路。随着新岔出的丝路已经具有一点儿长度，旧岔路便宣告废弃了，其他的毛虫，仍然轻车熟路，在已经走惯的环形丝带上爬行。由于岔道口作怪，缸沿儿上的虫队终于分成了两支，长短基本相等，彼此相距不远，沿着同一方向行进，有时它们连接到一起，但走一走又断裂开，队形始终不够整齐。

疲倦使混乱加剧，拒绝前进的脚伤伤员大量出现，大队多处断裂，变成

许多分队；分队进而分化成若干小队，每个小队都有一位队长；处处都有小队长在探头探脑地探察地形。看来，到处都在瓦解，到处都将出现得救的可能性，然而，我的希望再次落空。入夜前，毛虫们又共同组织起一支长队，那无法克服的转圈运动又重新开始了。

如同寒冷降临之急促，炎热也突然一下就出现了。今天是 2 月 4 日，赶上了明媚的暖和天，温室里热闹非凡，毛虫们倾巢出动，一起一伏地在土台的沙层上移动，那一圈圈的虫队，宛如平放在地上的一串串花环。缸沿儿上，毛虫连成的圆环随时在断裂，而后又衔接。我第一次看到出现了大批勇敢的队长，它们为温暖的阳光所陶醉，用末端的一对假足抓在缸沿儿的外侧边缘，身体猛然间悬空垂挂下去，扭来扭去地试探从缸沿儿到地面的距离。这试探重复了许多次，每一次队伍都得停下来，这段时间里，大家颤晃着脑袋，臀部一拱一歪地扭动。

这些革新家中，有一位决心从缸沿儿外侧逃走，它溜到凸边底下，另 4 个伙伴跟了过去。然而所有其他毛虫，却始终对险恶的丝带轨道怀着信赖之心，不敢效法胆大妄为的尝试，而甘愿踏着昨天的老路迈步。

从主链上离异出去的那小串毛虫，煞费苦心地摸索着，在半缸腰一带长时间徘徊，它们才下到一半的高度，便又从斜里往上爬去，赶上大部队，加入到行列当中。仅就这次尝试而论，是以失败告终的，尽管还差两巴掌距离就够着缸脚下的细松枝了。我刚才把一捆细松枝放在那里，是想引诱这些饥饿难忍的虫子，可是形、色、气、味，均未给它们提供任何信息。已经离目标这么近了，它们竟然还调转方向爬了回去。

不过没关系，尝试总会有用，它们一路上已经设置好首批路标。这之后，又过去了两天。接着，新的一天又开始了，这实际上已经进入试验的第八天，毛虫们时而单枪匹马，时而一个小组，时而一支稍长的小分队，分批沿着设置了路标的小路，从缸沿儿的凸边上爬下来。太阳落山的光景，最后一批磨磨蹭蹭的毛虫，也终于回到家里。

我们现在算一下，24 小时的 7 倍，毛虫在缸沿儿的窄路面上待了这么长时间，不论哪只毛虫，疲劳后都得休息一阵；尤其是在夜间最冷的几个小时，它们完全处于休息状态；为此，我们满打满算，减去一半时间，结果还剩下84 小时，这就是行走的时间。按平均速度计算，它们每分钟的行程为 9 厘米；每只毛虫 7 天多的总行程已有 453 米，将近 0.5 千米，这对步伐极小的松毛虫来说，算得上是长途跋涉了。缸口周边，也就是环行跑道，每圈的长度整整 1.35 米。照此算来，毛虫们已经周而复始地沿着脚下的路线画了 335 个圈。当我们看到毛虫们如何面对那些小事故的时候，就已经大致知道这虫类是愚钝至极的了。现在算出这些数据后，我们又会大吃一惊，叹其竟冥顽不化到如此地步。结串而行的毛虫困在缸沿上那么长时间，我想，原因并不是爬下来很困难、冒风险，而是它们可悲的智能做不到顿悟。

❧ 阅读鉴赏 ❧

作者用了大量的细节描写来再现他观察到的整个过程，语言轻松简洁，道理引人深思。生活中，像松毛虫一样愚昧固执、墨守成规、因循守旧的人可谓比比皆是，他们并非没有能力打破原有的圈子，只是习惯了固有的生活方式、思维定式，因而懒得动脑筋、找出路，以至于自己画地为牢。这不能不说是一种悲哀。

❧ 知识拓展 ❧

-毛毛虫效应-

毛毛虫习惯于固守原有的本能、习惯、先例和经验，无法破除尾随习惯从而转向去觅食。后来，科学家把这种喜欢跟着前面的路线行走的习惯称为"跟随者"，把因跟随而导致失败的现象称为"毛毛虫效应"。自然界中在许多比毛毛虫更高级的生物身上，这一现象也不鲜见，其中比较典型的就是鲦鱼。鲦鱼因个体弱小而常常群居，并以强健者为首领。科学家将一只稍强的鲦鱼脑后控制行为的部分割除后，此鱼便失去自制力，行动也发生紊乱，但其他鲦鱼却仍像从前一样盲目地跟随它。

金步甲的婚俗

看到"金步甲"这个名字，你的脑海中是否浮现出常见的金龟子的影子？可以很肯定地告诉你，它们是两种不同的生物。金步甲鲜为人知的"婚俗"里会隐藏怎样的秘密呢？让我们跟随作者一起去探究吧！

一天，门前梧桐树的树荫下，一只金步甲正匆匆经过。来朝圣者是受欢迎的，它可以对加强笼中居民统一起到一定的作用。我把它拾起来，这才发现，它的鞘翅末端受了轻微损伤，是不是情敌之间争斗的结果？看不出有这种迹象，但愿它没有遭受什么重创。经查无碍，可以利用，我把它放进玻璃住宅，和居室里的 25 只金步甲做伴。

第二天，我前去了解新食客的情况，它已经死了。夜里，伙伴们袭击了它，那残缺不全的鞘翅，未能充分保护它的腹部，肚子被掏空了。手术做得干净利落，没有浪费掉任何一部分肢体。爪子、头、胸，一切安然无恙，只有肚子开了个大口子，里面的东西就是从开口的地方摘除的。眼前这东西，已成了一个金贝壳，两瓣鞘翅抱合在一起，掏空软体组织的牡蛎壳，也比不上这金贝壳干净。

这一结局令我惊异，我从来都十分留心做到不让笼子里缺少食物呀。蜗牛、腮角金龟、螳螂、蚯蚓、毛虫，以及其他一些最受欢迎的菜肴，调换着花样地送进饭堂，而且供应量充足到消费不完的程度。我的金步甲们把这样一位甲壳缺损的弟兄吞吃了，它们再不能把这种行为的原因归结为饥饿了吧？

难道它们当中通行这样的惯例：受伤的要结束性命，后来的要被掏空肚子？昆虫是不讲慈悲的，面对这绝望中四下乱窜的一位伤残伙伴，同类中竟无一个肯停下来帮它一把的。食肉者之间的事情不是打架斗殴能解决的，甚至还要朝着悲剧性方向发展。有时候，一群过路的奔向一位残疾者，是去减轻它的痛苦吗？根本不是。是去品尝它，而且，假如味道不错，那么就以吞食的方式，为其彻底解除残疾之苦。

因而会有这种可能：那金步甲虫鞘翅残缺，部分暴露在外的屁股，引诱了伙伴们，大伙儿觉得，这挂了彩的弟兄是正好可以开膛的猎物。换一种情况，如果不是哪一位事先负了伤，那么大家是否就互敬互重呢？从种种外在表现上看，给人的突出感觉是，大家会彼此保持着十分和睦的关系。在用餐期间，众宾客从未发生打斗，充其量只是轮流抢着吃而已，躲在小条板下午休的长时间内，也从来没有发生过争执。我那25个家伙，在凉爽的土中埋进半个身子，心平气和地消着食，打着盹儿，互相挨得近近的，卧在各自的土窝里。当我掀掉遮板时，它们立刻醒过来，拔腿就走；四下奔跑当中，无论什么时候相遇，彼此都不翻脸。

由此可以认为，它们的和睦关系有着深厚的基础，并且会无限期维持下去。可就在这天刚开始热的时候，当我察看虫笼时，却立即发现一只金步甲死了。它的所有肢体都没有脱落，全身紧缩成金贝壳状，酷似被吃空的牡蛎壳。这东西仿佛在向我们复述事件经过，这事件与不久前那位伤残者惨遭吞食的情形是一样的。我像端详圣骨似的仔细检查这残骸，除腹部豁开大口外，其他一切原封未动。可见，在别的伙伴掏空它肚子的过程中，它还保持着正常状态呢。

几天后，又有一只金步甲被杀，受到同前者一样的礼遇，盔甲完好无损，干净整齐。死者肚子朝下放在那里，一副完整无缺的模样；它的背朝上，看出是个空壳，里面没有一丝肉质。隔不多久，又出现一个空心尸骸，接着又是一个，其后又是一个，我眼睁睁地看着园中动物的数量这样锐减下来。如果这股屠杀的疯狂持续下去，我那虫笼里就什么也剩不下了。

也许是这些年老体衰的金步甲走过自然死亡历程，幸存者们瓜分它们的尸肉；要不就是为了减少人口而不惜牺牲过着美滋滋生活的庶民。要搞个真相大白是不容易的，因为事件主要是在夜里发生。由于时刻保持警觉，我终于在大白天，两次撞见正在进行当中的剖尸行动。

6月中旬，我亲眼看见一只雌虫摆弄一只雄虫。雄虫我还是认得出来的，它的体型略小。手术开始了，进攻的一方撩起对方的两瓣鞘翅，从背后咬住蒙难者的肚子末端，它情绪高昂，轻轻拉拽着，大口咀嚼着。被擒者体力依然充沛，然而却既不防卫，也不折腾。它全力向相反方向扯着身体，一心从那些可怕的小钩子上挣脱出去；它一会儿前移，一会儿后滑，拖拽雌虫时它前移，被雌虫拖拽时它后滑。它的全部反抗，仅限于此。战斗持续一刻钟，一群过路的突然赶来，停下脚步，心里似乎在窃窃私语："一会儿该看我的了。"最后，雄虫使足成倍的力气，终于挣脱，逃之夭夭。可以想象，假如它挣脱不成，肚子就会被狠心的金步甲大姐掏空。

几天之后，我又观看到一场相似的戏，只是这一回演完了结局，仍然是一只雌虫从后面咬一只雄虫，雄虫除了徒劳地拼命挣着身体，再无任何其他抗争表现。这挨咬的是在听任摆布了，表皮终于先做了让步，接着创口扩展开来，继而内脏被摘除，被胖主妇吞进肚里。再看胖主妇，脑袋钻进自己伴侣的腹腔里，正仔细清理硬壳底下的软组织。只见雄虫的肢爪一阵抖动，宣告此生走到了尽头。宰尸妇并不动情，它继续搜寻，一直深入到胸腔中可以探进头嘴的狭窄地方。死者身上所剩的，只有抱合成小船壳形状的鞘翅，以及尚未脱落的前半个身子，掏空后的残骸，被就地抛弃。

我在笼子里不断看到的遗骸，每每总是雄性金步甲的，这些雄虫大概就是如此丧生的；至少那些仍然活着的雄性，估计还是要这样毙命。从6月中旬到8月1日，笼中居民的数量从最初的25只，减少到只剩下5只雌虫的程度。20只雄虫全部消失，它们先被剖腹，然后再被深深地掏空。它们是被谁剖腹掏空的？显然是被雌虫。

我有幸亲眼目睹的那两次攻击行动，都证实了这一点。先后两次，光天化日之下，雌虫钻进鞘翅，打开雄虫腹腔，填饱自己的肚子。当然应该承认，

其中第一次是在试图这样做，即使我未能直接观察到其他屠杀实例，我所获得的证据也是很有价值的。有人不久前也目睹了类似场面：被咬住的一方不予以反击，也不采取防卫，只是一个劲儿挣扎着抽身夺路。

如果这只是正常的打斗，只是为争夺生命而发生的合乎常情的拳脚相加事件，那么被攻击者显然会调转过头去，因为它完全可以这样做，只要一把抓住攻击者的身体，就能够回敬它的攻击行为，以牙还牙。凭它的力气，一旦对打，准会转而占上风；不料这白痴，却听任对方有恃无恐地啃咬自己的屁股。这其中似乎有一种无法克服的难为情心理，妨碍它反戈一击。这宽容令我想起朗格多克蝎。雄蝎在婚姻终结的时候，任凭自己的伴侣吞吃自己，却不动用自己的武器，即那根有能力让蝎大姐尝尝苦头儿的毒蜇针。这宽容还令我想起雌螳螂的情夫，那是条只剩一段身躯也要继续为未竟事业尽忠的汉子，当最后被一小口一小口啃吃的时候，它竟不做任何反抗，此乃婚俗成规所系，对雄性而言，就是无可非议的规矩。

我那金步甲公园中的雄性，从第一个到最后一个，全部被剖了腹，它们向我们演示的，是一样的习俗，它们是为现在已得到交尾满足的伴侣而牺牲的。从4月到8月的4个月里，每天都能有几对雌雄配成双。它们忽而是试探性夫妻，忽而又结为有效夫妻。当然，结为有效夫妻的情况更为多见。它们都是些求偶心切，欲火难熄的热恋狂，其冲动绝不会仅此而已。

金步甲处理爱情事务，真可谓简便快捷。就在众目睽睽之下，也无须酝酿感情，一只过路雄虫便扑向一只过路雌虫，而且是刚刚遇上的第一位雌性。雌虫被它搂住，略微仰起头来，表示乐意接受。于是，那骑士便挥动触角，用梢头儿抽打对方的颈背，求欢一结束，二者便突然分手，双双跑到蜗牛的餐桌上吃便餐。然后，它们各自通过新的婚仪，分别另结良缘。新结成的夫妻双方，事后又你我另寻新欢。反正，只要有雄虫受用就行，一顿大吃过后，一次粗暴的泄爱；一次泄爱过后，又是一顿大吃。对金步甲而言，生命要旨即在于此。

阅读鉴赏

难怪达尔文称法布尔为"难以效法的观察家"。在本文的写作中，法布尔运用了大量细节描写来记述他所观察到的金步甲的婚俗。从雄虫被吃，到发现雌虫是凶手，再到雄虫并不竭力反抗，最后得出交配真相，每一处描写都细致、生动，每一步推理都环环相扣、逻辑严密。随着实验的深入，法布尔在文中设置了一个又一个悬念，似乎他不是在写作，而是在导演一部惊悚凶杀片，其对文字的驾驭能力可见一斑。

知识拓展

-金步甲-

金步甲是一种食肉昆虫，属于昆虫纲鞘翅目。金步甲是消灭毛虫的能手，它保护菜园、花圃，是警觉的乡野卫士。成虫不善飞翔，地栖性，多在地表活动，行动敏捷，或在土中挖掘隧道，喜潮湿土壤或靠近水源的地方。白天一般隐藏于木下、落叶层、树皮下、苔藓下或洞穴中；有趋光性和假死现象。

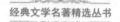
花金龟

花金龟,这个玉液琼浆的畅饮者,会突然离开鲜花,而埋身于腐烂的树叶之中。它为什么放弃花香袭人的豪华床褥,反而钻入臭气熏天的垃圾中呢?下面这篇文章会给你答案。

我的住宅(荒石园)外有一条种着丁香花的甬道,既深又宽。5月来临,当两行丁香树被一串串鲜花压垂下来,弯成尖拱形时,这条甬道便成了一座小教堂。在和煦的朝阳下,这儿正在庆祝一年中最美好的节日。这是平静的节日,没有旗帜在窗口哗哗作响,没有礼炮轰鸣,没有酒后的争吵殴斗,没有舞会刺耳的铜管乐,也没有人群的叫喊声来打扰,这是普通人的节日。

我是丁香花小教堂的一个忠实信徒,我的祷告是微微颤动的内心激情,无法用词语表达出来。我虔诚地在一棵棵树下停留,就像拨动祷告的念珠一样,我走一步观察一下,我的祈祷是一声声赞叹不已的"啊"!

在这美妙的节日里,朝圣者们跑来了,它们想得到春天的恩宠,饮一口佳酿。

在参加丁香花节日的客人中,花金龟十分值得一提。它身材肥大,便于观察。它虽然外形臃肿,上下一般粗,一点儿不标致,但色彩却十分绚丽,如黄铜般耀眼、金子般闪光、青铅般凝重,就像铸造者用抛光机加工出来似的。它是我的邻居,院子里的常客,我不用四处奔波去寻找它,而这种奔波已经开始使我不胜其劳了。最后,我希望所有的人都能了解我所叙述的事情。在这方面,它还有一个优越的条件:每个人都认得花金龟,即使不知道它的名称,至少看到它都会觉得这并不是一种陌生的昆虫。

谁没见过它像一颗绿宝石似的躺在一朵玫瑰花怀中的景象呢?它的珠光宝气更衬托出玫瑰的娇艳。它一动不动地赖在这由花瓣花蕊做成的舒服的床上，沁人心脾的香气使它陶然欲醉，玉液琼浆使它醺醺然，只有一束炽热的阳光像针似的刺它一下，它才舍得离开这极乐世界，嗡嗡地叫着飞起来。

要是对它一无了解，看到它在奢侈逸乐的床上懒洋洋的样子，人们大概不太会料到它是那么贪食成性。在一朵玫瑰花上、在一朵山楂花里，它能找到什么吃的呢？顶多一小滴渗出来的甜汁而已，因为它不吃花瓣，更不吃叶子。而它那粗大的身子就吃这些，这微不足道的东西居然就够了！我不敢相信。

在8月的第一个星期，我把15只花金龟放在笼里，它们刚在我的饲养瓶里破茧而出。它们身子的上面呈青铜色，下面呈紫色。我根据时令供应它们蔬果，用梨子、李子、西瓜、葡萄来喂它们。

看着它们大吃大喝真是一件乐事。它们把头钻进果酱里，甚至全身都埋在里面。就餐者不再动了，一点儿动静也没了，甚至脚尖都没有移动一下。它们吃着、品尝着，白天吃，晚上吃；在暗处吃，在阳光下吃，一直吃。甜汁吃得又醉又饱，可这些贪食者仍不撒手。它们倒在饭桌上——在黏稠的果酱下睡着了，可嘴里还一直在舔着。那样子就像半睡半醒的小孩，嘴里含着涂了果酱的面包片，心满意足地睡了。

在这欢乐的宴席上没有任何嬉戏玩乐，即使阳光把笼子里面晒得热乎乎的。一切活动都暂停了，整个时间都用在满足填饱肚子的欢乐上。天气是那么炎热，躺在李子下面吮着果酱是多么惬意啊！这儿的日子是如此的惬意，又有谁会到一切都被晒焦了的田野里去呢？谁也不会！没有一只爬到笼子的金属网纱上去，也没有一只突然张开翅膀，试图逃走。

这种大吃大喝的生活已经延续了半个月，可并没有使花金龟感到厌烦。这么长时间的宴席是不常见的，甚至粪金龟这些饕餮①之徒也没有这么贪食。圣甲虫用肠里的排泄物编织绵延不绝的细绳，花一天时间来吃一餐美味，这

---

① 饕餮（tāo tiè）：传说中的怪兽，龙的第五子，生性贪吃。

便是这个贪吃者最大的能耐了。可是我的花金龟吃起李子和梨子的果酱来，一吃就是半个月，而且丝毫没有腻烦的表示。美宴什么时候结束呢？什么时候举行婚礼，考虑未来的事呢？

婚礼和成家的事，本年内还不会考虑，要推迟到来年。这样的迟缓是奇怪的，不符合普通的习俗。在这些重大的事情方面，花金龟是非常随便的。现在是水果丰收的季节，花金龟是热情的美食家，为了享受这些美味的食物，它不愿意因产卵这些麻烦事而放弃美食。花园里有多汁的梨，干缩起皱的无花果，看到这些水果的糖汁，花金龟的口水都流出来了。馋嘴的花金龟吃着这些水果，什么都忘记了。

可是天气越来越炙热，就像这儿的农民说的，太阳火盆里每天都加了一捆柴。天气过热就像太冷一样，使生命暂时停止了。为了打发时间，所有的昆虫，不管是冻僵的还是烤熟的都蛰伏起来了。我笼子里的花金龟也一样，它躲在沙下面两寸深的地方，最甘美的水果都引诱不了它们，天太热了。

要到9月天气温和的时候，它们才会摆脱昏昏沉沉的状态。到那时，它们才重新出现在地面上，围着吃西瓜皮，喝葡萄汁。不过吃喝不多，时间也不长，最初那种饿死鬼的样子和没完没了地饱食不止的情况再也不见了。

冬天来了，我的笼中物又消失到地下去了。它们在地下过冬，由几指粗的沙层保护着。在这薄薄的屋顶下，在这四面通风的隐蔽所里，它们并没有受到严寒之苦。我原以为它们会怕冷，实际上却发现它们非常耐寒。它们保留着幼虫时期壮实的体质，能够冻得硬邦邦地待在结成冰的雪块里，而到稍微化冻时又恢复了生命，我对此真是赞叹不已。

3月还没完，生命又开始复苏了。这些埋入土中的小家伙又露出来了，如果太阳暖和，它们就爬上铁丝网，散散步；如果天凉，便又钻到沙下面去。给它们什么东西吃呢？这时，已经没有水果了。我把蜜放在纸杯里去喂它们时，它们来吃，可并不很热情。让我们找找更符合它们口味的食物吧。我给它们海枣吃，这种异域的水果，皮薄肉美，尽管从没吃过，它们却很高兴吃，

它们不再非要梨和无花果不可了。海枣一直吃到4月底，这时第一批樱桃已经结果了。

现在我又拿常规的食物——当地的水果喂它们了，花金龟吃得很少，由胃大显身手的时光已经过去了。过了不久，我的这些囚徒们变得对食物无所谓了。我发现花金龟开始交尾，这说明它即将产卵。我在笼子里放了一个坛，坛里装满了半腐烂的干树叶，以备不时之需。接近夏至时，雌花金龟先后钻进去，待了一段时间，事情办完后，它们又钻了出来。闲逛了一两个星期后，它们蜷缩在不深的沙里，死掉了。

它们的后代就在这烂树叶堆里。6月还没结束，我在温暖的树叶堆里发现了大量新产下的卵和非常年幼的幼虫。我在刚开始研究花金龟时，有一种怪现象使我感到有些疑惑，现在我得到解释了。我在花园里一个有树荫的角落挖掘一大堆烂树叶时，每年都会发现大量的花金龟。在七八月时，我用铲能挖出一些没有破损的茧，过不久，在关在里面的昆虫的推动下，茧就会裂开来。我还能发现发育完全的花金龟，在当天就蜕皮^①出来。可是就在这些成虫的旁边，还能看到非常年轻的、刚孵化的幼虫。于是在我眼皮底下出现了这种荒谬的不合常理的事情：儿子比父母先出生。

对笼子的观察揭示了这些难解之谜。花金龟的成虫，可以活整整一年的时间，从当年的夏天到来年的夏天。在炎热的夏季，七八月时，茧裂开了。按常规，在快乐的婚礼之后，必须立即为生儿育女之事而奔忙，而季节也有助于料理这种家庭事务。其他昆虫一般都是这么循规蹈矩的。对于它们来说，目前的繁荣兴旺，是非常短暂的，它们必须尽快利用这短暂的兴旺时期来安排好未来子孙的事。

雌花金龟却并不这么匆匆忙忙。当它是胖乎乎的幼虫时，它吃个不停；当它是披着色彩斑斓的盔甲的成虫时，它仍然把大好光阴用来吃喝。只要天

---

① 蜕（tuì）皮：脱去外皮的现象。

气不是热得受不了，它要做的所有事情，就是吃杏子、梨子、桃子、无花果、李子等水果做成的果酱。它被美餐耽误了，一切都被抛到了脑后，只好把产卵推迟到来年。

随便藏在什么地方冬眠之后，春天一到，它又出现了。可是这时节没有什么水果，去年夏天的贪吃者，如今变得饮食很有节制了，这或者是由于不得不如此，或者是由于体质就是这样。它没有别的生活资源，只能在花朵的小酒吧里，可怜巴巴地喝那一点点儿东西。6月来临了，它把卵撒在烂树叶堆里，撒在过不久成虫就要出来的茧旁边。这么一来，如果我们不知道事情的经过，我们就会看到这种先有卵后才有产妇的荒唐现象。

因此，在同年出现的雌花金龟实际上是两代昆虫。春天的花金龟，它们是玫瑰花的客人，这些花金龟已经度过了冬天，它们要在6月产卵，然后死去。秋天的花金龟，非常爱吃水果，它们刚刚离开了蛹茧，它们将要过冬，要在第二年夏天接近夏至时才产卵。

一年中的这时候，白天最长。这正是花金龟产卵的季节。在松树树荫下，靠着围墙，有一堆去年落叶时堆起来的枯叶。这堆半腐烂的枯叶是花金龟幼虫的伊甸园。大腹便便的幼虫在枯叶堆里乱窜乱动，在发酵的植物中寻找美味的食物，那儿甚至在隆冬时节都十分温和。

有四种花金龟在枯叶堆里产卵，尽管我出于好奇多方打扰它们，它们仍然繁衍兴旺。最常见的是金匠花金龟，我的大部分资料是由它们提供的，其他还有普通的金色花金龟、灰黑色花金龟和裹尸布花金龟。

上午九点钟，我们就得开始密切注视着枯叶堆，这需要坚持不懈的耐心等待，因为产妇往往随心所欲，好多次都让人白等了一场。机会终于来了，一只雌金匠花金龟从附近来到了这儿，它在枯叶堆上空兜着大圈子，一边飞一边从高处仔细观察，选择容易进入的地点，"噗噜"一声，它冲了下来，用头和脚挖着，一下子就钻进去了，它要到哪儿去呢？

开始时能听到它钻的方向，当它在干燥的外层钻时，可以听到枯叶的沙沙声，接着什么也听不见了。一片寂静，花金龟到了潮湿的深处。只有在那儿，它才能产卵，以便幼虫从卵里出来后，如需觅食，就有细嫩的食物。现在让产妇去忙它的事吧，我们过两个小时再来观察。

现在，且让我们想想刚刚发生的事吧。一种养尊处优的昆虫，前不久还在一朵玫瑰花的怀抱中，在如锦缎般的花瓣上和甘美的芳香中睡眠，可如今这个穿着帝王的金色华服的豪奢者，这个玉液琼浆的畅饮者，突然离开了鲜花，而埋身于腐烂的树叶之中，它放弃了花香袭人的豪华床褥，而钻到臭气熏天的垃圾中，它为什么这样自甘作践呢？

它知道它的幼虫喜欢吃它自己厌恶的东西，所以它克制了自己的厌恶情绪，甚至连想都没想，便钻了进去。是不是它对自己幼虫时期的回忆促使它这样做呢？在间隔了一年之后，特别是在自己的机体彻底改变了之后，对于它来说，对食物的回忆，究竟会是什么呢？为了吸引雌花金龟，使它从玫瑰花来到腐烂的树叶堆，一定有比肠胃的记忆更重要的东西，那就是一种不可抗拒的、盲目的推动力，这种推动力表面看来简直是失去理智，可实际上却是极其符合逻辑的。

现在再回到烂叶堆上来。干树叶的沙沙声给我们大致指示了它的产卵地点。我们知道要在哪个地方去搜索，这搜索必须循着产妇的行踪，所以要小心翼翼地进行。凭借昆虫爬行沿途扒出来的东西，我们终于到达了目的地，卵找到了，一个个卵孤零零地、乱七八糟地隐藏着，产妇事先没有任何精心的安排，只要把卵产在已经发酵了的腐烂植物附近就行了。

花金龟的卵是象牙色的小泡，近似球形，约3毫米大小，产卵12天后孵化。幼虫白色，长着稀疏的短毛，幼虫出壳后，一旦离开了腐殖质的沃土，便靠背部爬行。在昆虫中它的行走方式是很奇怪的：它一开始行走就是四脚朝天，用背走路。

饲育花金龟最容易不过了。用一只防止蒸发的、保持食物新鲜的马口铁匣子，盛装着优选的、发酵的、从腐烂了的树叶堆里采摘来的树叶接纳花金龟的幼虫，这就足够了。只要注意不时更新食物，以后一年，这些饲育的幼虫就会保持生龙活虎的状态，身体变态。没有哪种昆虫的饲育工作比饲养花金龟更费神。这种昆虫食欲旺盛、身体强壮。

花金龟幼虫长得很快。孵化出来后4个星期，到8月初，幼虫就有成虫的一半粗了。我想估计一下它究竟吃了多少东西，便用做粪肥的秕谷①堆在盒子里，从幼虫吃第一口开始计算。我发现它在这段时间一共吃了13 938立方毫米的秕谷，也就是说，在一个月内它吃的东西的体积比自己最初的体积多几千倍。

花金龟的幼虫是一个连续运转的磨面厂，把已经枯死的植物磨成面粉。它也是一部高性能的碾磨机，一年中，它日夜劳作，把由于发酵而已经腐烂的东西碾碎成粉。树叶的纤维、叶脉可能一直顽强地存在于腐烂物中。幼虫攒取了这些顽固不化的渣滓，用它那些锐利的大剪刀把这些没有腐烂的东西剪得细碎，在自己的肠子里把它们消化，使之从此变成有用的东西来肥沃土壤。

花金龟的幼虫是腐殖质沃土最积极的创造者。当变态时期来到，我最后一次检阅我的饲育情况时，看到这些贪吃者整个一生都在磨着粉，它们吃掉的东西可以一大碗一大碗地算出来。

此外，花金龟幼虫的形态也值得注意。它是一种肥胖的蠕虫，长一寸，背凸腹扁。背上有褶痕，在褶痕处，稀疏的细毛像刷子似的；腹部光滑，皮肤细腻，皮下显现出棕色的斑点，那是个大垃圾袋；腿很好看，但短小衰弱，和胖乎乎的身子不成比例。

花金龟幼虫可以自身做半弧形滚动。与其说那是休息的姿势，不如说是不安和防卫的姿势。它滚动时，用最大的劲把身子收缩起来形成蜗牛状，好像要把自己折断了似的。要是硬要把它掰开的话，它的五脏六腑肯定都要流

---

① 秕（bǐ）谷：子粒不饱满的稻谷或谷子。

出来。如果不去碰它，一会儿，幼虫便会舒展开来，伸直身子，急急忙忙地逃走。

有一件意想不到的事在等待着你。把幼虫放在桌上，会发现它用背走路，腿朝天，不活动。这种反常的行走方式十分怪诞，初看起来似乎是昆虫受惊时的偶然之举，其实根本不是那么回事。这确实是它正常的行走方式，花金龟幼虫不会用别的方式行走。你把它翻转过来，肚子朝下，希望它会按照通常的方式行进，可是这是徒劳，它顽固地又恢复肚子朝天，用颠倒的姿势爬行着，你根本没办法让它用腿走路。弓起身子一直不动，行进的方式与别的昆虫相反，这些正是它的与众不同之处。

我们且让它在桌子上不去打扰它吧。这时，它走动起来了，想钻到烂叶堆里去，躲开骚扰它的人。它背上的肌肉垫受一层强有力的肌肉的驱动，前进得很快。由于背上的毛刷能够产生强大的牵引力，所以即使在一个光滑的平面上，也能支持着它前进。

在这样的移动中偶尔有一些横向摆动。由于脊背是圆形的，幼虫有时会翻倒，不过，这没什么关系，只要腰一用力，它便恢复了平衡，微微左右摇晃一下，又可以用背走路了。它行走时也会有前后颠簸，小舟的船首——幼虫的头由于有节奏地起伏而仰起俯下、升高降低，因为双颚没有东西支持，它张开双颚，空口咀嚼着，可能是想咬住什么支持物吧。

我给了这双颚一个支持物，不过不是在烂叶堆里，因为那里面黑黑的，我看不到想看的情况，而是在一个半透明的地方。那支持物是一根长度适当的玻璃管，两头开口，内径逐步缩小，幼虫可以容易地从扭的那头进去，而另一头太窄，出不来。

只要管子比它身子宽，它就用背前进。幼虫进入管内同它身子一般大的部分，从这时起，行动就没有什么障碍了。不管是什么姿势，肚子仰着、俯着，还是侧着，幼虫都能前进。我看到它那拱在背上的肌肉垫像波浪似的有节奏地一起一伏，就像平静的水面上掉下一块石子所产生的涟漪①那样扩展开来，往前推进。我看到它背上的毛弯下竖起，就像风吹麦浪似的。

它的头有规则地俯仰着。它用两颚的尖端作为拐杖撑在管壁上向前走路和保持身子的平稳。我手指转动着玻璃管，随意改变幼虫的姿势，它的那些脚即使碰到了作为支撑的管壁，也一直都没有活动，它们对于行进几乎是不起一点儿作用的。那么这些脚有什么用呢？我们很快就会看到的。

幼虫钻在里面的那根半透明管子告诉了我们在烂叶堆里所发生的事。由于身子穿进了烂叶堆，周围都有支持物，幼虫既能用颠倒的姿势行走也能用正常的姿势行走，而且更常用的是正常的姿势。靠着背部一起一伏的动作，它在任何方向都能有接触面，所以走动时肚子朝下还是朝上都无所谓，这时不再有荒诞的例外，一切都恢复了惯常的秩序。如果我们有可能看到幼虫在烂叶堆里行走，就不会觉得它有丝毫奇特的地方了。

可是，当我们把它裸露放在桌子上，目睹到的是一种极其不正常的现象，但是只要想一想就不会觉得有什么不正常了。因为在桌子上时，除了下面外，其他几面都没有能够支撑它的东西，脊背的肌肉垫这些主要的步带需要同这唯一的壁相接触，所以它就只好翻过身来走路了。花金龟幼虫之所以使我们对它那奇怪的行走方式感到惊奇，纯粹是因为我们脱离了它的生存环境去观察它。其他大腹便便的短脚幼虫，如鳃角金龟和独角仙的幼虫，如果它们有可能完全打开和伸出它们强有力的大肚子上的钩子的话，它们也会这样行走的。

6月是产卵的时期。度过了冬天的老幼虫做着变态的准备工作。蛹茧和新一代要从中出来的象牙球同时存在着，虽然结构粗陋，花金龟的茧也蛮标致的，它们呈卵球状，约有鸽子蛋那么大。在我的烂叶堆里安居的四种花金龟中，裹尸布花金龟是最小的，它的茧也最小，只有一粒樱桃那么大。

---

① 涟漪（lián yī）：细小的波纹。

所有花金龟茧的形状，甚至外表都是一样的，以至于除了裹尸布花金龟茧很小之外，其他的我都无法区别开来。我不知道它们都是谁的作品，我必须等待成虫出茧之后，才能用精确的名称来指称我所发现的东西。不过，一般来说（这儿会有许多例外），金色花金龟的茧外壳上裹有它自己的粪便，这些粪是随意粘上去的，而金属花金龟和长吻花金龟的茧上则粘满了烂树叶的残屑。

这种不同只能视为在结茧时由于四周的材料而非某种专门的建造技术所致。在我看来，金色花金龟乐意在自己的排泄物硬粒中造茧，而别的花金龟则更喜欢不太脏的地方，外层的这种不同，其原因可能就是在于此。

那三种大花金龟的茧很不稳固，也就是说，它们没有粘在固定的物体上，筑茧也没有专门的地基，但裹尸布花金龟则稍有例外。如果它在烂叶堆里找到了一块哪怕比手指还小的小石头，它也宁愿在这石头上建造它的小屋。如果没有条件，它也可以不要石头，像其他花金龟那样不靠在稳定牢固的支持物上结茧。

由于幼虫及蛹的表皮比较娇嫩，所以茧的内面很光滑。茧的四壁很结实，能经得住指头的按压。它是用一种棕色的材料做的，究竟是什么材料很难确定。可能是一种柔韧的浆，这浆是由花金龟随意加工出来的，就像造陶器的人摆弄黏土一样。

花金龟的制陶术是不是也使用某种泥土呢？按照书本的说法，人们可能认为是这样的。书本上一致认为鳃角金龟、独角仙、花金龟和其他一些昆虫的蛹茧是土质结构。一般来说，书本大都是盲目地你抄我、我抄你，根本不是直接观察到的事实的汇编，所以我不太相信书本上的话。在这个问题上，我更怀疑，因为花金龟的幼虫在狭窄的范围内，身处于烂树叶中，是找不到必要的黏土的。

我自己在这烂叶堆里四处寻找也很难找到哪怕是一小酒杯的黏土，而花金龟幼虫在作茧自缚的时刻来到时，便不再移动了，它能做什么呢？它只能

在它身边采集东西。它能找到什么呢？只是一些树叶的碎屑和腐殖土，这些质量低劣的东西是粘不住的，幼虫只能想别的办法。

说出这些办法可能会使我受到令我发窘的指责。有人会指责我是不知羞耻的唯实主义者，甚至某些想法会令我们吓一跳。其实这些想法很简单，而且非常朴实。大自然没有我们这些顾忌，它直截了当地实现自己的目的，而不管我们是赞同还是厌恶。我们还是把那些不合时宜的挑剔丢到一边去吧。如果我们想了解昆虫那绝妙的技巧，那我们就要设身处地地像昆虫那样去思考问题。我们应该尽力向前进，而不要在事实面前退却。

花金龟的幼虫将为自己制作一只箱子，它将在这只箱子里完成身体的变态。制作箱子可是个十分细致的活儿，它还将修建一座把自己围起来的场地，也就是要为自己结个茧，可是花金龟幼虫无法利用外界的东西，看来它似乎一无所有。错了，一无所有只是一种表面现象，为了结茧，毛虫拥有丝管和喷丝头，它也和毛虫那样，体内储藏着建筑材料，它甚至也有喷丝头，不过是在相反的一端，而胶状物就储存在肠子里。

在它积极工作的这些日子里，幼虫拼命排便。在它走过的地方留下了大量的棕色粪粒，就是证明。到了快要变态时，它排得少了，它把粪便节约下来，蓄积成高质量的浆作为黏剂和填料。它的大肚子末端有个大黑点，这是一只隐隐约约可以看见的黏胶剂袋，这个供应充分的仓库非常清楚地告诉了我们这个工匠的专长：花金龟幼虫是专门以粪便来砌造它的建筑物的。

如果要证据的话，请看：我把已经完全成熟、准备织茧的幼虫，一个个分别放在小短颈大口瓶里。由于要建筑就需要有支持物，我在每个瓶里放了重量很轻、移动方便的东西。第一个瓶里放了剪碎的棉絮，第二个瓶里放了小扁豆宽的纸屑，第三个瓶里放了香芹籽，第四个瓶里放了萝卜粒。我手边有什么便用什么，并不特别中意哪种。

幼虫毫不犹豫地钻进了它们从来没有进入过的这些环境中。这里没有人们所说的用来筑茧的土质物，也没有黏土，这一切清楚地表明，如果幼虫真要砌墙，只能使用它自己工厂里的水泥。但是它砌墙吗？

是的，完全没错。在不几天内，我就得到了漂亮而结实的茧，跟我从烂叶堆里取出来的一样。另外，这些茧外表更加好看。如果是用絮做材料，茧壳便裹着一层絮团状的羊毛；如果幼虫是在纸屑的床上，茧就盖着白色的瓦，仿佛雪花落在上面似的；如果是在香芹籽或者萝卜粒中，茧的外表就像肉豆蔻，边上还有细粒的轧花裹边，作品真是漂亮极了。人的诡计给造粪艺术家助了一臂之力，帮助它做出了小巧玲珑的玩意儿。

纸屑、种子或者棉絮做成的覆盖物黏结得非常好：覆盖物下面是真正的茧壁，完全是由棕色浆状混合物构成，有规则的表层令人以为这是幼虫有意识地这么做的。当我们看到金色花金龟的茧上有时也装饰着漂亮的粪粒时，我们也会有这样的想法。我们会以为幼虫从它身边采集到合意的石子，嵌到灰浆中，使它的作品更加牢固，但是事实完全不是这样，根本不存在什么镶嵌作业，幼虫用它那圆圆的臀部把松动的物质推到身子的四周。它纯粹靠身体的压力来调整这些物质，把它弄平，然后用它的灰浆把它一块块地固定住，这样就成了一个卵形的小窝，然后从容不迫地再涂上一层层的泥浆使之牢固起来，直至它没有粪便为止，黏合剂所渗到的东西就成了混凝土，从此成为墙壁的一部分，而不需要建筑者再动手砌造。

要观察幼虫的整个结茧过程是做不到的，它在有遮掩的地方作业，不让我们看见，但它操作的基本情况还是可以看到的。我选择了一个茧，茧壁柔软，说明它还没完全造好，我在茧上开了一个不大的洞，如果洞太大，这个缺口会使昆虫灰心丧气，它就不会去修葺坍塌的拱顶，这不是因为没有黏结剂，而是由于没有支持物。

我用刀尖小心谨慎地挖开了一点儿。瞧吧，幼虫把身子蜷成几乎闭合的钩状，它不安地把头伸到我刚刚打开的天窗处，想打听究竟发生了什么事情。它很快查明了事故，于是这弯弓完全闭合起来，头尾相互接触，然后一用劲，这个建筑者便有了一团填料，这是造粪工厂刚刚供应出来的。这么迅速地就造出粪便，肠子肯定要特别乐意配合才行，花金龟幼虫的肠子就有这本事，要它什么时候排便，它就什么时候排便。

现在轮到脚来露一手了。脚对于行走毫无用处，但在结茧时它却是得力的助手。它们在此时是些灵巧的小手，颚咬住粪粒后，这些小手就协助扶住粪粒，把它转来转去，然后摊开来，放到该放的位置上。颚的双钳就是抹灰泥的镘刀①，它把粪粒一小点儿一小点儿取下来，咀嚼、揉拌灰浆，把灰浆抹到缺口的边缘上，然后头慢慢地把灰浆抹平。灰浆用完了，它又把身子整个弯起来，仓库非常听话地又排出了粪便。

利利落落修好的缺口让我们看到的那一丁点儿情况告诉我们在平时的环境里发生了什么事，人们不用眼睛就了解到蠕虫不时排便，更新它储备的胶状物。人们注意到它用双颚的顶端采集土块，用爪子紧紧抱住，随意锯断，用嘴和额头镶贴在墙的最薄弱的部位上，再转动臀部，把墙弄得光溜溜的。这个幼虫建筑工就在自己身上找到修建自己的大厦的砾石，不需用任何外来的材料。

这样使用粪便的才能是肚皮大而有劲的幼虫天生就有的。它们宽大的腹部系着褐色腰带，这根带子是职业的标志，这些幼虫用肠子褡裢盛装的物体为自己修建变态小室，它们全都向我们展示出一种高级的经营管理科学，这种科学善于精心地化卑俗为端雅，使粪便盒子产出金黄色的花金龟——玫瑰的主人和春天的光荣。

---

① 镘（màn）刀：抹墙用的抹子。

❧ 阅读鉴赏 ❧

　　花金龟知道它的幼虫喜欢吃它自己厌恶的东西，所以克制了自己的厌恶情绪，甚至连想都没想，便钻进腐叶中去。原来是为了自己的孩子！看来昆虫世界中也不乏爱的存在。

　　这篇小记首先给人营造了一个慵懒、舒适的环境。法布尔用拟人的手法，把花金龟的贪吃、慵懒表现得淋漓尽致，运用细节描写将他观察到的花金龟的生活习性和繁衍过程详尽地呈现给读者。通过作者生动活泼的行文，我们了解到：花金龟的幼虫贪吃得就像一个刚出生的婴儿；雌花金龟的成虫能把大好的光阴用在享受美食上，甚至为此把产卵都给推迟了；半腐烂的枯叶可以成为花金龟幼虫的伊甸园；花金龟妈妈可以为了自己的幼虫放弃花香袭人的豪华床褥，而钻入臭气熏天的垃圾中。

❧ 知识拓展 ❧

-丁香花-

　　丁香花属于著名的庭园花木，花序硕大，开花繁茂，花色淡雅、芳香，栽培简易，因而在园林中栽培广泛。丁香花有众多品种，花色有紫色、紫红、蓝紫、黄、红和白色，可谓五彩缤纷。花期从4月的早花到7月的晚花持续两季。株型有的高大，有的小巧玲珑。

米诺多蒂菲

不知初见标题时，你是否对米诺多蒂菲这个奇怪的名字感到陌生？不妨先透漏给你一点小秘密：作者说它是"一种体形较大、与地下打洞的昆虫血缘极其相近的黑色鞘翅目昆虫"，其实，它也是粪金龟的一种。它有着怎样的喜好？它的生活方式和其他昆虫有何不同？阅读下面的文章，法布尔会详细地告诉你。

人们称一种体形较大、与地下打洞的昆虫血缘极其相近的黑色鞘翅目昆虫为米诺多蒂菲。它是一种平和无害的昆虫，但它的角十分厉害。在我们的那些披着甲胄的昆虫中，谁都没有它的武器那么咄咄逼人。雄性米诺多蒂菲胸前有三根一束平行前伸的锋利长矛。

米诺多蒂菲喜爱露天沙土地，因为羊群去牧场必经那里，一路上总要不停地排下羊粪蛋，那是它日常的美食。如果没有羊粪蛋，它也能退而求其次，找点很容易收集的兔子的细小粪便来凑合。

大约在3月份的头几天，就可以碰见米诺多蒂菲夫妇齐心协力潜心修窝筑巢。此前一直分居于各自的浅洞穴中的雌雄米诺多蒂菲，现在开始要共同生活较长的一段时间。

夫妻双方在那么多的同类中间还能相互认出对方来吗？它俩之间存在着海誓山盟吗？如果说婚姻破裂的机会在动物中十分罕见的话，那么对于雌性来说这种破裂的机会甚至根本就不存在，因为做母亲的很久都不会离开其住处，相反，对做父亲的来说，婚姻破裂的机会却很多，因为其职责所在，必须经常外出。如同我们马上就会看到的那样，雄性一辈子都得为储备粮食奔忙，是天生的垃圾搬运工。它独自一人白天按时把妻子洞中挖出来的土运走；夜晚它又独自在自家宅子周围搜寻，寻找为自己的孩子们做大面包的小粪球。

有时候，各家住宅比邻而建，收集粮食的丈夫归来时会不会摸错了门，闯进他人家中去呢？在它外出寻食时，会不会在路上碰见一位待字闺中的淑女，于是便忘了前妻的恩爱，准备离婚呢？这个问题值得研究，我已尽力在用下面这个方法解答这一问题了。

有两对夫妇正在挖土建巢时被我挖了出来，我用针尖在它们鞘翅下部边缘做了无法抹去的记号，所以我能把它们区分开来。我随手把这四位分别放在一块有两拃深的沙土场地上，这样的土质一夜工夫就能挖出一口井来。在它们急需粮食的情况下，我就给它们弄一把羊粪放进去。我用一只瓦钵翻扣在场地上，既可防止它们逃逸又可遮阳，让它们安安静静地去沉思默想。

第二天，非常满意的答案出来了。场地上只有两个洞穴，两对夫妇如原先一样重新相聚在一起，都各自找到了自己的结发妻子。次日，我又做了第二次实验，然后又做了第三次实验，结果都一样：用针尖做了记号的一对在一个洞中，没做记号的另一对则在通道尽头的另一个洞穴里。

我又重复做了 5 次实验，它们每天都得重新开始组建家庭。现在，事情变糟了。有时，接受实验的 4 只中每只各居一屋，有时在同一个洞穴中住着两只雄性，或者两只雌性，有时一个雌性接待另一雌性或雄性，但组合方式与一开始完全不同。我过分地重复实验，每天这么折腾都把这些挖掘工弄烦了，这以后就乱了套。一个摇摇欲坠的宅子老是在重建，终于把合法夫妻给拆散了。既然房屋每天倒塌，正常的夫妻生活也就过不下去了。

不过这并无多大关系，反正一开始的那三次实验已足以证明，尽管那两对夫妇一次一次地受到惊吓，但似乎并没有破坏它们夫妇关系那微妙的纽带，夫妇关系仍有着一定的抗拒力。夫妇双方在我精心制造的一系列混乱之中仍旧能够认出对方来。它们相互信守着山盟海誓，这在朝三暮四的昆虫界确实是一种难能可贵的高尚品质。

这对夫妻在家中是怎么分工的呢？要想知道这一点那可不是容易的事，不是用小刀尖挑出来看看就行了的事。谁要是想参观在洞中挖掘的这种昆虫的话，就得动用镐头，那可是很累的活儿。这种昆虫的宅子可不像圣甲虫、螳螂和其他一些昆虫的屋子，用小铲子轻轻一铲，毫不费力地就挖开了。米诺多蒂菲住在一口深井中，只有用一把结实的铁铲，连续挖上好几个小时才能挖到底。

家中所有的人，包括孩子们的妈妈，都非常的积极，平常总帮我们一把。坑越挖越深，必须隔着老远仔细观察铲子挖上来的那些东西，查找点滴资料。这时候人多眼睛就亮，一个人没看见的，另一个人就会瞅见。双目失明的于贝尔依靠一个目光敏锐的忠实仆人对蜜蜂进行研究，我比这位伟大的瑞士博物学家条件可强得多了。我的眼睛虽然已经老花，但视力还是挺好的，何况我的家人的眼睛都很好，他们都在帮助我。

名师指导
这种认真、执着的精神让读者肃然起敬。

一大清早，我们就到了现场。我们找到了一个洞穴，还有一个挺大的土堆。土堆呈圆柱形，是一下子推上来的一整块土，挪开土块，便现出一口很深很深的井。我用途中捡拾的一根很长很直溜儿的灯芯草秆儿试探着往井下伸去，越伸越深。最后，在 1.5 米左右的深处，那根灯芯草秆就不能再往下去了。我们探到了，探到米诺多蒂菲的卧房了。

我们用小铲子小心翼翼地剥落卧房外面的土，于是便看到了屋里的主人，先挖出来的是雄性米诺多蒂菲，再往下挖一点就挖到了雌性米诺多蒂菲了。夫妻俩被取出来之后，露出一个颜色很深的圆点：那是粮食柱的末端。现在我小心又小心，轻轻地挖。我们沿着洞底边缘把中间的那块土与其周围的土切割开来，然后用小铲子兜底儿把那块土整个儿地铲起来，既要小心谨慎又得干净利落。铲起来了！我们弄到米诺多蒂菲夫妇及其卧房了。我们挖了一个上午，累得精疲力

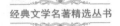

竭，总算弄到了这笔财富。保尔背上直冒热气，可见他花了多大的力气。

1.5米这个深度不是，也不可能是一成不变的，许多因素都会使深度改变，比如昆虫钻过的地方的湿度和土质如何啦，是否接近产卵期，昆虫干活的热情的大小和时间是否充裕啦，等等。我见过有一些洞穴还要深一些；我也见过另有一些洞穴还没达到1米深。不管是什么情况，为了生儿育女，米诺多蒂菲都必须有一个很深很深的住所。而据我所知，没有任何一种昆虫挖掘工挖过这么深的。我们马上就会思考是什么样的迫切需要迫使羊粪蛋的收集者居住在那么深的地方。在离开现场之前，我们先记下一个事实，确证这一事实以后会很有价值。雌性米诺多蒂菲是住在洞穴底部的，而其丈夫则待在其上方不远处，它俩都被吓得一动也不敢动，现在尚无法确知它俩在干什么。

这一细节在我翻挖的各个洞穴中都一再地被发现，它似乎说明这对伙伴各自有一个固定的位置。

更擅长养儿育女的米诺多蒂菲妈妈住在下层。它独自在挖掘，因为它精通垂直挖掘的技术，这种挖法事半功倍，可以挖得很深。它是个能工巧匠，始终不停地对着坑道工作面挖掘着。它的丈夫只是一名小工，待在它的身后，用它的角背篓随时清理浮土。这之后，能工巧匠变成了女面包师，把为孩子们准备的糕点揉制成圆柱形；而米诺多蒂菲爸爸则为它打下手，为妈妈从外面运进来面食原料。如同所有的和睦家庭一样，女主内、男主外。这可能就是为什么在管形宅子中它俩的住处始终不变的缘故，将来我们将会知晓这种猜测是否与事实相符。

现在，让我们在家里从容地、舒服地观察我们好不容易挖掘出来的洞穴中间的那整块土。这块土中有一个呈"香肠"状的食品罐头，长短粗细几乎像拇指一般。里面装着的食品颜色很深，压得很瓷实，分好多层，可以辨别出其中有已压碎了的羊粪蛋。有时候，面包揉得很细，从头到尾全都十分均匀；更多的时候这圆柱形面团像一种牛皮糖，里面有一些疙疙瘩瘩。根据女面包师的忙闲情况，它所揉制的面包看上去千差万别，有时间就做得讲究，没时间则敷衍了事。

食品罐头紧紧地嵌在洞穴的那个死胡同里，那儿的墙壁比井里其他地方更光滑、更平整。用小刀尖轻易地就可以把它与周围土层剥离开来，就像剥树皮似的。我就这样弄到了不沾一点泥土的这个食品罐头。

这项工作已做完，我们现在来了解一下卵的情况，因为这只罐头肯定是为幼虫准备的。由于我从前了解到粪金龟是把自己的卵就产在"香肠"底部食物中间的一个特别的窝窝儿里的，所以我期待着在"香肠"底部的一个密室里找到粪金龟的近亲米诺多蒂菲的卵。可我判断错了。我要找的卵并不在我所猜想的地方，也不在"香肠"的上部，反正不在食品罐头里。

名师指导
承上启下。

我又在食品罐头外面寻找，终于找到了。卵就在罐头食品柱下面的沙土里，完全没有妈妈们精心安排的保护。那儿没有一间新生儿细嫩肌肤所要求的墙壁光滑的小房间，只有一个并非精心建造而是妈妈胡乱扒拉起来的粗糙的废墟堆，幼虫将在这个离食物有一段距离的硬床上孵化。为了吃到食物，幼虫必须扒拉沙土，穿过这个有几毫米厚的沙土天花板。

我既已挖出了那连带着食品罐头的整块土，又有我自制的器具，我就可以观察这段"香肠"是如何制成的了。

米诺多蒂菲爸爸爬出洞外，选好一个粪球，其长度大于井口直径。它把粪球往井口挪去，要么倒退着用前爪拖拽，要么用头盔轻轻顶着一下一下地往前推。推到井口边时，它是不是猛一使劲儿，一下子把粪球推进洞里去呢？绝对不是。它有自己的计划，不让粪球重重地摔落下去。它爬进井口，前足搂紧粪球，小心地把一头塞进井内。因为粪球轴心很宽，到了离井底一定距离的地方，它只需把粪球稍微倾斜一点，粪球就可以两头顶着井壁。这样就构成了一块临时的楼板，可以承重两三个粪球。这就是米诺多蒂菲爸爸的加工车间，它可以在此干活儿而又不影响在下面工作着的自己的妻子。这是一座磨坊，制作面包的粗面粉就要在这儿进行加工。

📖 名师指导
　　表现了米诺多蒂菲爸爸滚粪球的细心和聪明。

这个磨坊工爸爸装备精良，你瞧它的那支三叉戟，十分坚挺的前胸上戳着一束三根的锋利长矛，两边的两根长，而中间的那根短，三根的矛头全都直指前方。这件兵器有何用途呢？我起先以为只不过是雄性的一件饰物，如同金龟子科中其他许多种类都佩戴着的一样，只是形状各异而已。可米诺多蒂菲的这个可不是饰物，而是它的一件劳动工具。

那三根矛尖并不整齐，形成了一个凹弧，里面可以装载一个粪球。在那块没铺得太好、摇来晃去的楼板上，米诺多蒂菲爸爸得用4只后爪支撑着井壁才能保持平衡。那它将如何把那个滑动的粪球固定住，并把它压碎呢？我们来看看它是怎么干的吧。

它稍稍弯下身子，把三叉戟插入粪球，这样一来粪球便卡在新月形的工具中固定不动了。米诺多蒂菲爸爸的前爪是空着的，因此它便可以用其前臂上的锯齿状臂铠去锯粪球，把它切成一小块一小块的，从楼板缝隙处掉下去，落在米诺多蒂菲妈妈的身旁。

从磨坊工那儿掉下去的是粗粉，没有过筛子，里面还掺杂着较大的碎块。尽管这面粉磨得不细，但仍给正在精心制作面包的女面包师帮了大忙，使它得以简化工序，一下子就可以把好粉、次粉分离开来。当楼上的粪球，包括楼板全被磨碎之后，有角的磨坊工匠便回到了地面，寻找新的粪料，然后再从容不迫地重新开始研磨。

作坊中的女面包师也没有闲着，它把自己身旁纷纷散落的面粉捡拾起来，进一步碾细，进行精加工，再进行分类——软一些的用作面包心，硬一些的用作面包皮。它转过来绕过去的，用自己那扁平的胳膊轻轻地拍打着原料。然后，它把原料一层层地摊开，再用脚踩瓷实，宛如葡萄酒酿制工在榨葡萄汁一般。踩瓷实之后的大面饼便于储存。丈夫供应面粉，妻子揉制加工，经过将近十天的共同努力，夫妇二人终于成功制作了长圆柱形的大面包。

现在应该概括一下米诺多蒂菲的种种品德了。当严冬过去之后，雄性米诺多蒂菲便开始寻觅配偶，找到之后便与之安居地下，从此，它便对自己的妻子忠贞不渝。尽管它要经常外出，而且也会碰上可能让它移情别恋的女性，但它始终不忘发妻。它以一种没有什么可以使之减退的热情帮助自己的那位在孩子们独立之前绝不出门的挖掘女工。整整一个多月，它用它那叉口背篓把挖出的土运往洞外，始终任劳任怨，永不被那艰难的攀登所吓倒。它把轻松的耙土工作留给妻子做，自己则干着最重最累的活儿，把土从一条狭窄、高深、垂直的坑道往上推出洞外。

随后，这位运土小工又变成了粮食寻觅者，到处去收集粮食，为孩子们准备吃的东西。为了减轻妻子剥皮、分拣、装料的工作，它又当上了磨面工。在离洞底一定的距离处，它在研碎被太阳晒干晒硬了的粮食，加工成粗粉、细粉，面粉不停地纷纷散落在女面包师的面包房内。

最后，它精疲力竭地离开了家，在洞外露天地里凄然地死去，它英勇无

私地奉献了自己的一生。

而米诺多蒂菲妈妈也一心扑在这个家上，从未出过大门。它把一个个面团揉成圆柱形，把一只只卵分别产在一个个面团里，从此便守护着自己的这些宝贝，直到孩子们长大、能独立离去为止。当金风送爽时节到来时，模范妈妈终于又回到地面上来，孩子们簇拥着它。最后孩子们自由自在地四散而去，到羊群常去吃草的地方捡拾粪球，大快朵颐。这时候，一心为了孩子们的慈母已无事可做，溘然长逝。

是的，在父亲们对自己的孩子那普遍的漠不关心中，米诺多蒂菲是个例外，它对自己的孩子们倾注了全部的心血，它总是想到自己的家人，从未想到自己。它原可尽享美好的时光，原可与同伴们一起欢宴，原可与女邻居们调情嬉戏，但它却并未这样，而是埋头于地下的劳作，拼死拼活地为自己的家人留下一份产业。当它足僵爪硬、奄奄一息时，它可以无愧地告慰自己："我尽了做父亲的职责，我为家人尽力了。"

❀ **阅读鉴赏** ❀

　　作者在这章中大量运用拟人的手法，为我们介绍了米诺多蒂菲这样一种陌生的小生物。它们夫妻之间彼此忠诚、互帮互助、辛勤劳作，幸福地生活着。作者把一篇说明性的文字写得生动有趣，把我们并不熟悉的生物刻画得栩栩如生，让每一个读到它的读者仿佛亲眼见到，并为之深深打动。

❀ **知识拓展** ❀

-结发妻-

　　"结发妻"，意思指原配妻子。结发又称束发，指初成年。结发又含有成婚的意思，成婚之夕，男左女右共髻束发。一对新夫妻在洞房花烛之夜："交丝结龙凤，镂彩结云霞，一寸同心缕，百年长命花。"意思是：两个新人就床而坐，男左女右，各自剪下自己的一绺头发，然后再把这两绺长发相互绾结缠绕起来，以誓结发同心、爱情永恒、生死相依、永不分离。

意大利蟋蟀

蟋蟀，这位天才演奏家的鸣唱给夏季增添了许多热闹的气氛。你是否用心聆听过它们的演奏？蟋蟀的鸣声颇有名堂。不同的音调、频率表达了不同的意思。那么，法布尔笔下的意大利蟋蟀会有怎样精彩的演出呢？

我们镇子里见不到家蟋蟀，它是乡间面包房和灶台的常客。尽管壁炉下的石板缝哑然无声，但这寂寞还是能得到补偿的：夏夜里，原野上，到处听得见一种简单重复的音调，那是陶冶人心的乐曲，这音乐在北方可难得听到。春天，在太阳当空的时间里，有交响乐演奏家野蟋蟀献艺。夏天，在静谧宜人的夜晚，大显身手的交响乐演奏家是意大利蟋蟀。演日场的在春天，演夜场的在夏天，两位音乐家把一年的最好时光平分了。头一位的牧歌演季刚一结束，后一位的夜曲演季便开始了。

意大利蟋蟀与蟋蟀科昆虫的某些特征不太一致，这表现在它的服装不是黑色的，体型不那样粗笨。它栖驻在各种小灌木上或者高高的草株上，过着悬空的生活，极少下到地面上来。从7月到10月，每天自太阳落山开始，一直持续大半夜，它都在那里奏乐。在闷热的夜晚，这演奏正好是一场优雅的音乐会。

乐曲由一种缓慢的鸣叫声构成，听起来是这样的：咯哩——咿咿咿，咯哩——咿咿咿。由于带颤音，曲调显得更富于表现力。凭这声音你就能猜到，那振膜一定特别薄，而且非常宽阔。如果没什么惊扰，它安安稳稳待在低低的树叶上，那叫声便会始终如一，绝无变化；然而只要有一点儿动静，演奏家仿佛立刻就把发声器移到肚子里去了。你刚才听见它在这儿，非常近，近在眼前；可现在，你突然又听到它在远处，二十步开外的地方，正继续演奏它的乐曲。

你完全摸不着头脑了，已经无法凭听觉找到这虫类正在唧唧作声的准确位置。我捉到几只意大利蟋蟀，投放到笼子里；这之后，我才得以了解到一点儿情况，一点儿有关演技高超到迷惑我们耳朵的演奏家的情况。

意大利蟋蟀两片鞘翅都是干燥的半透明薄膜，薄得像葱头的无色皮膜，均可以整体振动。其形状都像侧置的弓架，处于蟋蟀上身的一端逐渐变窄……右鞘翅内侧，在靠近翅根的地方，有一块胼胝硬肉。从胼胝那里，放射出 5 条翅脉，其中两条上行、两条下行，另一条基本呈横切走向。横向翅脉略显橙红色，它是最主要的部件，说白了就是琴弓。虫鸣大作之际，两片鞘翅始终高高竖起，其状宛如宽大的纱罗布船帆。两片翅膜，只有内侧边缘重叠在一起。两支琴弓，一支在上一支在下，斜向铰动摩擦，于是展开的两个膜片产生了发声振荡。

> **名师指导**
> 体现出作者观察的仔细。

上鞘翅的琴弓在下鞘翅上摩擦，同样，下鞘翅的琴弓在上鞘翅上摩擦，摩擦点时而是粗糙的胼胝，时而是四条平滑的放射状翅脉中的某一条，因此，发出的声音会出现音质变化。这大概已经部分地说明问题了：当这胆小的虫类处于警戒状态时，它的鸣唱就会使人产生幻觉，让你以为此时声音既好像从这儿传来，又好像从那儿传来，还好像从另外一个地方传来。

音量的强弱变化，音质的亮闷转换，以及由此造成的距离变动感，这些都给人以幻觉；而这恰恰就是腹语大师的艺术要诀。我们的苍白蟋蟀，掌握着这个声学诀窍。它把振荡片的凸边往两侧肚皮肉上一贴，就让寻找它的人摸不着头脑了。我们的乐器有各种制音器和消音器；意大利蟋蟀的制音器和消音器，不仅能和人类的乐器媲美，而且比我们的用法更简便、效果更理想。

意大利蟋蟀的鸣叫，不仅能产生距离幻觉，而且还具备以颤音形式出现的纯正音色。8月的夜晚，在那无比安静的氛围之中，我的确听不出还有什么昆虫的鸣唱，能有意大利蟋蟀的鸣唱那么优美清亮。不知多少回，我躺在地上，背靠着迷迭香支成的屏风，在文静的月亮女友的陪伴下，悉心倾听那情趣盎然的"荒石园"音乐会！那高处，我的头顶上，天鹅星座在银河里拉长自己的大十字架；这低处，我的四周，昆虫交响曲汇成一片起伏荡漾的声浪。尘世金秋正吐露着自己的喜悦，令我无奈忘却了群星的表演。我们对天空的眼睛一无所知，它们像眨动眼皮般地闪烁着，盯着我们，那目光虽平静，但未免冷淡。

科学向我们讲述它们的距离、它们的速度、它们的质量、它们的体积；科学将铺天盖地的数字向我们压来，以无数、无垠和无止境，把我们惊得目瞪口呆。然而，科学却怎么也感动不了我们一丝真情。这是为什么？因为科学缺少那伟大的奥秘，也就是生命奥秘。天上有什么？太阳在给什么加热？理性告诉我们：天上有和我们相似的许多人类，还有生命于其间变幻无穷地演化着的许多地球。这气度恢宏的宇宙观，说到底还是纯粹观念，没有确凿事实做基础；确凿事实是至高无上的证据，可以被所有人的理解力认可。所谓"可能"，乃至"非常可能"，都构不成"明显"；明显的东西才既不可抗拒，又无懈可击。

我的蟋蟀啊，有你们陪伴，我反而能感受到生命在颤动；而我们尘世泥胎造物的灵魂，恰恰就是生命。正是为了这个缘故，我身靠迷迭香樊篱，仅仅向天鹅星座投去些许心不在焉的目光，而全副精神却集中在你们的小夜曲上。

一小块注入了生命的、能欢能悲的蛋白质，其价值超过无边无际的原始物质材料。

❖ 阅读鉴赏 ❖

文章中穿插了作者在宁静的月夜，独自一人于自家花园中聆听蟋蟀鸣唱的美好回忆，字里行间倾注了法布尔对自然、对生命的热爱。爱是人们探究未知事物的原动力，一切的科学研究、自然研究都源于有爱。在篇末作者卒章显志，阐明了自己对科学、对生命的认识。在科学研究上，任何所谓的权威观点都不如事实来得真切！任何生命都有它不可估量的价值和意义！这些无不体现了他的科学的求真精神以及对生命的敬畏和尊重。

❖ 知识拓展 ❖

-迷迭香-

迷迭香叶带有茶香，味辛辣、微苦，常被使用在烹饪上，也可用来泡花草茶喝。迷迭香是常绿灌木，古人认为迷迭香能增强记忆。目前，从迷迭香的花和叶子中能提取具有优良抗氧化性的抗氧化剂和迷迭香精油，广泛应用于医药、食品、化工等领域。

萤火虫

> 在漆黑的夏夜、寂静的乡间，萤火虫就像一个个降落人间的天使，翩翩飞舞、荧光闪闪，漂亮极了。但它真的是纯洁善良而可爱的小精灵吗？你知道它是以什么为食的吗？它又是如何获取食物的呢？让我们带上这些疑问一起去看看吧。

昆虫的器官很少有能够发光的，但其中有一种是以发光而出名的。这个稀奇的小动物尾巴上像挂了一盏灯似的，用来表达它对快乐生活的美好祝愿。即便是我们不曾与它相识，不曾见过它在黑夜中从草丛上飞过，不曾见过它从圆月上落下来，就像一点点火星儿一样，那么，至少从它的名字上，我们可以多少对它有一些了解。古代的时候，希腊人曾经把它叫作亮尾巴，很形象的一个名字。现代，科学家们则给它起了一个新的名字，叫作萤火虫。

萤火虫，有两个最有意思的特点：第一，就是它获取食物的方法；第二，就是它的尾巴上有灯。

法国有一位著名的研究食物的科学家曾经说过："告诉我，你吃的是什么东西，那么我就会告诉你，你究竟是什么东西。"

同样的问题，都应该对任何昆虫提出。我们想要研究的东西就是这些昆虫们的生活习性——因为，有关昆虫的食品供给方面的知识，是动物生活中最主要的问题，就是我们人类常说的"民以食为天"，它也就成了我们应该重点研究的问题之一。虽然从萤火虫的外表来看，它似乎是一个纯洁善良而可爱的小动物，但是，事实上，它却是一个凶猛无比的食肉动物。它是一个善于猎取山珍野味的猎人，而且，它的捕猎方法是十分凶恶的。看来，它的外表也像其他一些昆虫一样具有一定的欺骗性。它的俘虏对象主要是一些蜗牛。这个事实，早就被人们认识到了。而人们所不知道的，只是萤火虫那种有些稀奇古怪的捕捉猎物的方法。这个方法，我在其他的地方还没有看到过相同的例子，可见其独特性并非一般。

在一般情况下，萤火虫所猎取的食物，都是一些很小很小的蜗牛，很少能捕捉到比樱桃大的蜗牛。在气候非常炎热的时候，就会在路旁边的枯草或者是麦根上，聚集着大群的蜗牛，像集体纳凉一般。也许是酷热难耐的原因，它们一动也不动地停留在那些地方，生怕动一动，就会觉得热气逼人，它们就是这样沉思着，懒洋洋地度过炎热的夏天。在这些地方，我常常会看到，一些萤火虫在咀嚼它们那已经失去知觉的俘虏。萤火虫就是在这些摇摆不定的物体上把它们麻醉了的。

除了上述路边的枯草、麦根等地方以外，萤火虫也常常选择一些其他可以获得食物的地方出没或停留。比如说，它常到一些又凉又潮湿的阴暗沟渠附近去溜达，因为在这些地方，经常会有一些杂草丛生，在那里轻易可以找到大量的蜗牛，这可是难得的美餐啊！饱饱地吃上几顿是没问题的。通常在这些地方，萤火虫把它们的俘虏在地上杀死，就像人们说的就地处决一样，干净利落地结束战斗，然后获得丰厚的战利品。在我家的屋子里，我也可以制造出这样的场景，来吸引萤火虫到这里来捕食。因此，待在家里，我便可以非常仔细地观察萤火虫捕食的一举一动。

那么，下面我就来描述一下这种奇怪的情形吧。我拿了一个大玻璃瓶，然后再找一点儿小草，把草放到大玻璃瓶子里面，再往里边放进几只萤火虫，还有一些蜗牛。我选的蜗牛，大小比较适中，不算特别的大，也不算特别的小。这一切准备工作就绪以后，我们所需要继续进行的工作，就是等待，而且，必须要耐心地等待。不过，最为重要的一点是必须十分留心，时刻注视着玻璃瓶中发生的一切动静，哪怕是最微小的动作，也不能轻易放过。因为，整个事情的发生，是在非常不经意的时候，而且时间持续也不长，几乎就是一眨眼的工夫。所以，必须目不转睛地紧紧盯住瓶中的这些生灵。

不一会儿，玻璃瓶中就有事情要发生了。萤火虫已经开始注意到它的牺牲品了，看起来，蜗牛对于萤火虫而言，有极强的、难以抗拒的吸引力。按

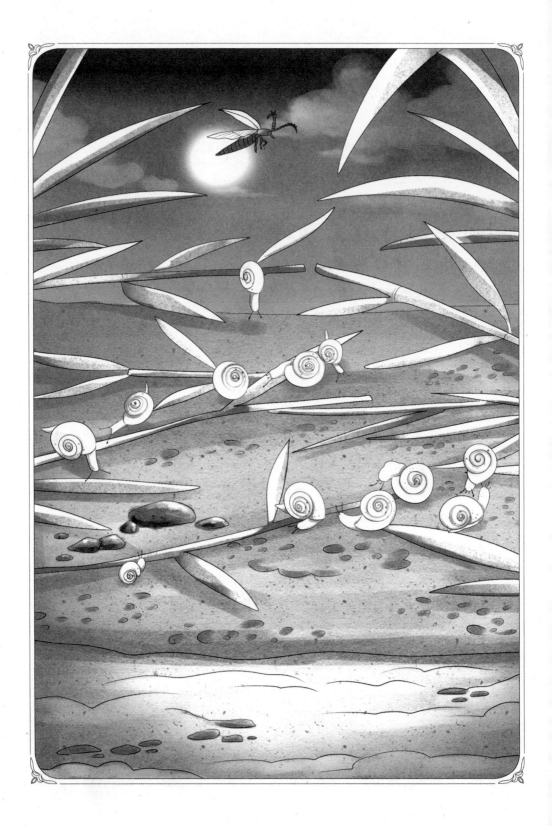

照通常情况下蜗牛的习性，除去外套膜的边缘的地方，它的身体会微微露出一点儿以外，其余的躯体全部都隐藏在它的家中——即它背上的壳子里面，可能它觉得这样会更安全一些。于是，这位猎人已经跃跃欲试，准备发起进攻了。它先做的事情，就是把自己身上随身携带着的兵器迅速地抽出来，这件兵器是何等的细小啊，要是没有放大镜的帮助，简直是一点儿也看不出来。萤火虫的身上长有两片颚，它们分别弯曲着合拢到一起，形成了一把尖利、细小，像一根毛发一样粗的钩子。如果把它放到显微镜下面观察，就可以发现，在这把钩子上有一条沟槽。如此而已，这件武器并没有什么其他更特别的地方，然而，这可是一件有用的兵器，是可以置对手于死地的夺命宝刀。

这个小小的昆虫，正是利用这样一件兵器，在蜗牛的外膜上，不停地、反复地刺击。但是，萤火虫所表现出来的态度很平和，神情也很温和，并不恶狠凶猛，乍一看起来，好像并不是猎人在捕猎食物、在咬它的俘虏，倒好像是两个动物在亲昵接吻一般。当小孩子在一起互相戏弄对方的时候，他们常常用两个手指头在对方的皮肤上轻轻地揉搓。这种动作，一般情况下，我们常用"扭"这个字眼儿来表示，因为，事实上，这种动作近乎相互搔痒，而并不是那样重重地打。

萤火虫在扭动蜗牛时，颇有它自己的方法。你会看到它不慌不忙、很有章法。它每扭动一下对方，总是要停下来一小会儿，仿佛是要审查一下，这一次扭动产生了何等的效果。萤火虫扭动的次数并不是很多，顶多五六次足矣。这么几下，就能让蜗牛动弹不得，失去了一切知觉而不省人事。再后来，也就是在萤火虫开始吃战利品的时候，还要再扭上几下，看起来，这几下扭动更至关重要。但是，至于萤火虫为什么要如此这般行事，我就不能确定其真正的原因了。确实在最初的时候，只要轻轻地几下，就足以使蜗牛慢慢地不能感觉一切了。那么，它为什么在食用前，还要来上几下呢？我不得而知，这至今仍是个谜。萤火虫的动作非常敏捷，如同闪电一般快，就已经将毒汁从沟槽中传送到蜗牛的身上了。这只是一个瞬间的动作，要非常仔细地观察

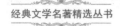

才能觉察到。

当然，有一点是不用怀疑的，那就是在萤火虫对蜗牛进行刺击时，蜗牛一点也不会感觉到痛苦。关于这一点，我曾经做过一次小小的实验。在一只萤火虫进攻一只蜗牛的时候，当萤火虫只扭了四五次以后，我马上迅速地把那只受了毒汁迫害的蜗牛拿开，然后，用一根很小很小的针去刺激这可怜虫的皮肤，那一点儿被刺伤了的肉，竟然一点儿也没有收缩的迹象。这就已经很清楚地表明，此时此刻，这只蜗牛已经一点儿活气也没有了，它是不会感觉到痛苦的，因为它已经沉浸到另一个世界里去了。还有一次，我非常偶然地看到一只可怜的蜗牛遭受到萤火虫的攻击。当时，这只蜗牛正在向前自由自在地爬行着，它的足慢慢地蠕动着，触角也伸得很长。忽然，由于一下子的刺激和兴奋，这只蜗牛自己乱动了几下。但是，马上这一切就静止了下来，它的足也不再向前慢爬了，整个身体的前部也全然失去了它刚才的那种温文尔雅的曲线，它的长长的触角也变得软了，不再向上伸展着了，而是拖垂到下边来，就像一根已经坏了的手杖一样，再也感受不到什么东西了。从这种种表面的现象来看，这只蜗牛已经死了，已经真的到另一个世界里去了。

然而，实际上，这只蜗牛并没有真正悲惨地死去，我完全有办法，能让它重新活过来，我可以给它第二次生命的机会。就在这个可怜的、假死的蜗牛既不生、又不死的两三天内，我每天都坚持给它洗浴，清洁身体，特别是伤口。就在几天以后，奇迹出现了，这只被萤火虫无情地伤害得很惨重、几乎一命呜呼的家伙，恢复到了以前的状态，它已经能够自由地爬来爬去了，而且，它的知觉也已经恢复正常了。当我用小针刺击它的肉时，它立刻就会有反应，小小的躯体马上就会缩到背壳里去藏了起来，这充分说明它已经恢复知觉了，就像什么都不曾发生过一样。它完全可以爬行了，那对长长的触角重新又伸展开来，好像并没有发生过什么特别意外的事情一样，而且，它还精神倍增。在它失去知觉的日日夜夜里，它仿佛进入了一种什么都不知晓的沉醉的状态，一切都惊动不了它，而现在则大不一样了。它醒了，而且完全苏醒了过来，从死亡中复活了，奇迹般地逃离魔爪，获得了第二次生命。

在人类社会的科学中，人们已经发明创造了在外科手术时不会让人感觉到疼痛的方法，并且这种方法在医学实践上，已经被证明是非常成功的了。然而，在人类还没有找到这种方法之前，萤火虫以及很多其他种类的动物，就已经通过实践，实行了好几个世纪之久了。萤火虫不仅仅是在草木的枝干上结束战斗，使它的俘虏逐渐失去知觉，而且，也在这种存在一定危险性的地方，就地把它解决处理掉，也就是要把它给完全吃掉。所以，萤火虫食物的获得可并不是件简单容易的事呢！

那么，萤火虫在吃蜗牛时，又是采用怎样奇特的方法呢？它真的是在食用它吗？是不是要先把蜗牛分割成一片一片的，或者是割成一些小碎片或碎粒什么的，然后再去慢慢地、细细地咀嚼品味它呢？我猜想，它并不是以这样普通的方式食用它的，因为，我从来也没有在这些昆虫体内，找到过任何这种小粒的食物，这就证明萤火虫的吃，并不是通常的狭义上的吃，它只不过是以另一种方式，来解决问题罢了。具体方法是这样的：它要将蜗牛先制造成非常稀薄的肉粥，然后才开始饮用，就像蝇吃小的幼虫一样；它能够在还没有吃之前，先把它弄成流质，然后再痛快地享用。

更为具体的情形和做法是这样的。萤火虫先使蜗牛失去知觉，无论蜗牛的身体大小如何。麻醉过后，客人们也三三两两地跑过来了，它们和主人毫不争吵，全部聚集到一起，准备和主人一起分享食物。过了两三天以后，如果把蜗牛的身体翻转过来，开口朝下，这时壳内的液体就会像锅里的羹①一样流出来，这个时候，萤火虫开始享受这些肉汤，最后壳里几乎剩不下什么。因而，一只蜗牛被大家同时分享了。

事实是很显然的。和前面我们已经看到过的"扭"的动作相似，它们经过几次轻轻地咬，利用自己的消化液把蜗牛的肉变成了肉粥。然后，许多客人一起跑过来共同享用，一口一口很随意地把它吃掉。能够使用这样一种方

① 羹（gēng）：用蒸、煮等方法做成的糊状食物。

137

法，说明萤火虫在用毒牙给蜗牛注射毒药的同时，也会注入一种分解猎物肌肉的体液，以便蜗牛身上固体的肉能够变成流质。这样一来，这种流质很适合分解猎物，使猎物液化。

蜗牛被关在我的玻璃瓶里，虽然有的时候，它所处的位置不是特别稳固，但是，还是非常仔细小心的。有的时候，蜗牛爬到了瓶子的顶部，而那顶口是用玻璃片盖住的。于是，它为了能在那里停留得更加稳固、踏实一些，就利用那自己随身携带着的黏性液体，粘在那个玻璃片上。这样一来，的确是非常稳定安全的。不过一定要多用一些黏液，不然的话，哪怕稍微少用了一点儿黏液，都将是十分危险的。即便是微微地动一点儿，也足以使它的壳脱离那个玻璃片，掉到瓶子底下去。

萤火虫常常要利用一种爬行器——为了弥补它自己腿部以及足部力量的不足——爬到瓶子的顶部去。它先仔细地观察一下蜗牛的动静，然后，做一下判断和选择，寻找可以下来的地方，接着，就那么迅速地轻轻一咬，就足以使对手失去知觉。这一切都发生在一瞬间。一点儿也不拖延，萤火虫开始抓紧时间来制造它的美味佳肴——肉粥，供自己几天内享用。

当萤火虫一阵风卷残云以后，便吃得很饱了，剩下的蜗牛壳也就完全空了。但是，这个空壳依然是粘在玻璃片上的，并没有脱落到瓶底上，而且，壳的位置也一点儿都没有改变，这都是黏液作用的结果。那个牺牲了的隐居者一点儿也不加以反抗，就这样静悄悄地、不知不觉地任人宰割，最终，变成了别人嘴里营养丰富、美味无穷的大餐。就在它受到攻击的地方，身体逐渐变成了液体被捕猎者享用，最后成了一个空空如也的壳儿。这种详细的情形，向我们表明了这样一个事实，即萤火虫的这种麻醉式的咬伤，是何等的有效。因此可以说，萤火虫处理蜗牛的方法是十分巧妙的。

萤火虫要想顺利地完成自己的任务，实现自己的目的，比如，爬到悬在半空中的玻璃片上去或者是爬到草秆上去，必须要具备一种特别的爬行足或其他什么有利的器官，以便使它自己不至于在还未触及猎物时，就先从高空跌落下来半途而废。显然它现有的笨拙的足是不够用的，这就决定了它需要辅助的东西。

把一只萤火虫放到放大镜下面进行仔细的观察研究，我们就可以很容易地发现，在萤火虫的身上的确生长着一种特别的器官。在萤火虫的身体下面，接近它尾巴的地方，有一块白点，通过放大镜可以清楚地看到。这主要是由一些一打以上的短小的细管或者是指头组合而成的。有的时候，这些东西合拢在一起形成为一团，而有的时候，它们则张开，成蔷薇花的形状。就是这精细的结构，这些隆起来的指头，帮助了萤火虫，使得它能够牢牢地吸附在非常光滑的表面上，与此同时，还可以帮助它向前爬行。如果萤火虫想使自己紧紧地吸到玻璃片上或者是草秆上，那么，它就会放开那些指头，让蔷薇花绽放开来。在支撑物上，这些指头放开得很大，萤火虫就利用它自然的黏力而牢固地附着在那些它想停留的支撑物体上。而当萤火虫想在它所待的地方爬行时，它便让那些指头相互交错地一张一缩，这样一来，萤火虫就可以在看起来很危险的地方自由地爬行了。

那些长在萤火虫身上的、构成蔷薇花形的指头，是不长节的，但是它们每一个都可以向各个不同的方向随意地转动。事实上，与其说它们像是指头，倒不如说它们更像一根根细细的管子。因为这个比喻要更加合适、贴切一些。要是说它们像指头的话，它们却并不能拿起什么东西。它们只能是利用其黏附力而附着在其他东西上。它们的作用很大，除掉黏附以及在危险处爬行这两大功能外，它还具有第三种功能，那就是它们能当海绵以及刷子使用。在萤火虫饱餐一顿以后，当它休息的时候，它便会利用这种自动的小刷子，在头上、身上到处进行扫刷和清洁工作，这样既方便，又卫生。它之所以能够如此自如地利用身体的这一器官，主要是因为那刺有着很好的柔韧性，使用起来相当便利。在它饱餐之后，舒舒服服地休息一下，再用刷子一点一点，从身体的这一端刷到另外一端，而且非常仔细、认真，几乎哪个部位都不会被遗漏掉。可以说，它是一种非常爱清洁、注意文明修身的小动物。从它那

副神采奕奕、得意扬扬而舒服的表情来判断，这个小动物对清理个人卫生的事情非常重视，也非常有兴趣去做的。刚一开始的时候，我们当然会产生某种疑问：为什么这个小东西在拂拭自己的时候，是如此专心致志，而且如此当心呢？答案是显而易见的。把一只蜗牛做成一顿肉粥，而且花费了很多心思，用很多天的工夫去享用它，肯定会把自己的身体弄得出奇的肮脏，那么，在饱餐之后，认认真真地把自己的身体好好清洗一番，让自己焕然一新，是很有必要的。

❖ 阅读鉴赏 ❖

这篇小记围绕萤火虫获取食物的方法这个有意思的角度展开。萤火虫将毒汁从沟槽中注射到蜗牛的身上使蜗牛失去知觉，然后将蜗牛变成流质的肉。在讲述萤火虫如何获取食物的过程中，作者提出疑问，引领读者一起去思考，将研究过程变得生动有趣，同时运用细节描写很好地展示了萤火虫捕食猎物时的风采。

❖ 知识拓展 ❖

-蜗 牛-

蜗牛是陆生贝壳类软体动物，从旷古遥远的年代开始，蜗牛就已经生活在地球上。蜗牛的种类很多，约25 000多种，遍步世界各地，仅我国便有数千种。蜗牛喜欢在阴暗潮湿、疏松多腐殖质的环境中生活，昼伏夜出，最怕阳光直射，对环境反应敏感。蜗牛为杂食性动物。幼蜗牛多为腐食性，以摄食腐败植物为主；成蜗牛一般以绿色植物为主，食各种植物的根、茎、叶、花、果实等。

螳 螂

螳螂是一种相对漂亮优雅的昆虫，淡绿的体色，轻薄透明的羽翼，一对长着锯齿的粗壮前臂……然而法布尔的这篇小记完全颠覆了我们心中螳螂的美好印象！螳螂究竟是如传说中所说的优雅，还是像猎手一样残忍狠毒？赶快看看吧！

在南方有一种昆虫，与蝉一样，很能引起人的兴趣，但不怎么出名，因为它不能唱歌。如果它也有一副音钹，它的声誉，应比有名的音乐家要大得多，加上它奇异的体形与习俗，它将是一名出色的乐手。

多年以前，在古希腊时期，这种昆虫被叫做占卜师或先知者①。农夫们看见它半身直起，立在太阳灼烧的青草上，态度很庄严，宽阔的、轻纱般的薄翼，如长裙似的拖曳着，前腿形状如臂，伸向半空，好像是在祈祷。在无知的农夫看来，它好像是一位修女，所以后来，就有人称呼它为祈祷的螳螂了。

善良的人们，你们大错特错了！那种貌似真诚的态度是骗人的，高举着的似乎是在祈祷的手臂，其实是最可怕的利刃，无论什么东西经过它的身边，它都立刻原形毕露，用它的凶器加以捕杀。它真是凶猛如饿虎、残忍如妖魔，它是专食活的动物的。在它温柔的面纱下，隐藏着十分吓人的杀气。

如果单从外表上看来，它并不令人生畏，相反，它看上去相当美丽。它有纤细而优雅的姿态，淡绿的体色，轻薄如

---

① 先知者：在古希腊的传说中，螳螂因为它貌似祈祷者的外形而被称为先知者。

纱的长翼。它的颈部是柔软的，头可以朝任何方向自由转动。只有这种昆虫能向各个方向凝视，真可谓是眼观六路。它甚至还有一个面孔，这一切都构成了这样一个小动物的温柔。

螳螂天生就有着一副娴美而且优雅的身材。不仅如此，它还拥有另外一种独特的东西，那便是生长在它前足上的那对极具杀伤力的冲杀、防御的武器。而它的这种身材和它这对武器之间的差异，简直是太明显了，真让人难以相信。它是一种温存与残忍并存的小动物。

见过螳螂的人，都会十分清楚地发现，它纤细的腰部非常的长，不光是很长，还特别有力呢。与它的长腰相比，它的大腿要更长一些，而且，大腿下面还生长着两排十分锋利的像锯齿一样的东西。在这两排尖利的锯齿的后面，还生长着一些大齿，一共有 3 个。总之，螳螂的大腿简直就是两排锯齿。当螳螂想要把腿折叠起来的时候，它就可以把两条腿分别收放在这两排锯齿的中间，这样是很安全的，不至于伤到自己。

如果说螳螂的大腿像是两排锯齿的话，那么它的小腿可以说是两排更密的锯齿。小腿上的锯齿要比大腿上的多很多，而且，两者有一些不太相同的地方，小腿锯齿的末端还生长着尖锐且很硬的小钩子，这些小钩子就像金针一样锋利。除此以外，锯齿上还长着一把有着双面刃的刀，就好像那种成弯曲状的修理各种花枝用的剪刀一样。

对于这些小硬钩，我有着许多不堪回首的记忆。每次想到它们，都有一种难受的感觉。在我到野外去捕捉螳螂的时候，经常遭到这个小动物的强有力的还击，总是捉它不成，反过来倒中了这个小东西十分厉害的"暗器"，被它抓住了手。而且，它总是抓得很牢，不轻易松开，让我自己无法从中解脱出来，只能请求别人前来相助，帮我摆脱它的纠缠。所以，在我们这种地方，或许再也没有什么其他的昆虫比这种小小的螳螂更难以对付、更难以捕捉的了。螳螂身上的武器、暗器很多，因此，它在遇到危险的时候，可以选择多种方法来自我保护。比如，它有如针的硬钩，可以用镰钩去钩你的手指；它有锯齿般的尖刺，可以用它来刺你的手；它还有一对锋利无比而且十分健壮的大钳子，这对大钳子对你的手有相当的威力，当它夹住你的手时，那滋味儿可不太好受啊！

综上所述，这种种有杀伤力的方法，让你很难对付它。要想活捉这个小动物，还真得动一番脑筋、费一番周折呢！否则，捉住它将是不可能的。这个小东西不知要比人类小多少倍，但却能威胁人类。

平时，在它休息的时候，这个异常勇猛的捕捉其他昆虫的机器，只是将身体蜷缩在胸前，看上去，似乎特别的平和，不至于有那么大的攻击性，甚至会让你觉得，这个小动物简直是一只热爱祈祷的温和小昆虫。但是，它可不总是这样的，否则的话，它身上具备的那些进攻、防卫的武器也就派不上什么用场了。只要其他昆虫从它们身边经过，无论是什么样的昆虫，也无论它们是无意路过，还是有意地侵袭，螳螂的那副祈祷和平的相貌便会一下子烟消云散。这个刚才还是蜷缩着休息的小动物，立刻便伸展开它身体的三节，于是，那个可怜的路过者，还没有完全反应过来，便已糊里糊涂地成了螳螂利钩之下的俘虏了。俘虏会被重压在螳螂的两排锯齿之间，移动不得。然后，螳螂很有力地把钳子夹紧，一切战斗就都结束了。无论是蝗虫，还是蚱蜢，甚至是其他更加强壮的昆虫，都无法逃脱这四排锋利的锯齿的宰割。于是，一旦被捉，只好束手就擒了。它可真是个了不得的杀虫机器。

假如你想到原野里面去详尽地观察、研究螳螂的习性，那几乎是不可能的，因此，也就不得不把螳螂拿到室内来进行观察、分析和研究。如果把螳螂放在一个用铜丝盖住的盆里面，再往盆里加上一些沙子，那么，这只螳螂将会生活得

十分快乐和满意。我所要做的，只是提供给它充足而又新鲜的食物就可以了。有了它必需的食品，它会生活得更满意。因为我想要做一些实验，测试一下螳螂的精力究竟能够有多旺盛，所以，我不仅仅提供一些活的蝗虫或者是活的蚱蜢给螳螂吃，同时，还必须供给它一些最大个儿的蜘蛛，以使它的身体更加强壮。以下便是在我做了上述工作以后，所观察到的情形。

有这样一只不知危险、无所畏惧的灰颜色蝗虫，朝着那只螳螂迎面跳了过去。后者，也就是那只螳螂，立刻表现出异常愤怒的态度，接着，十分迅速地做出了一种让人感到特别诧异的姿势，使得那只本来什么也不怕的小蝗虫，此时此刻也充满了恐惧感。螳螂表现出来的这种奇怪的面相，我敢肯定，你从来也没有见到过。螳螂把它的翅膀极度地张开，它的翅竖了起来，并且直立得就好像船帆一样。翅膀竖在它的后背上，螳螂将身体的上端弯曲起来，样子很像一根弯曲着手柄的拐杖，并且不时地上下起落着。不光是动作奇特，与此同时，它还会发出一种声音，那声音特别像毒蛇喷吐气息时发出的声响。螳螂把自己的整个身体全都放置在后足的上面，显然，它已经摆出了一副时刻迎接挑战的姿态。因为螳螂已经把身体的前半部完全都竖起来了，那对随时准备东挡西杀的前臂也早已张开，露出了那种黑白相间的斑点。这样一种姿势，谁能说不是随时备战的姿势呢？

螳螂在做出这种令谁都惊奇的姿势之后，一动不动，眼睛死死盯住它的敌人，准备随时上阵，迎接激烈的战斗。哪怕那只蝗虫轻轻地、稍微移动一点位置，螳螂都会马上转动一下它的头，目光始终不离开蝗虫。螳螂这种死死地盯着猎物的战术，其目的是很明显的，主要就是利用对方的惧怕心理，再继续把更大的惊恐纳入这个不久以后就将成为牺牲者的对手心灵深处，造成火上浇油的效果，给对手施加更重的压力。螳螂希望在战斗未打响之前，就能让面前的敌人因恐惧心理而陷于不利地位，达到使其不战自败的目的。因此，螳螂现在需要虚张声势一番，假装凶猛的怪物的架势，利用心理战术，和面前的敌人进行周旋。螳螂真是个心理专家啊！

看起来，螳螂的这个精心安排设计的作战计划是完全成功的。那个开始天不怕、地不怕的小蝗虫果然中了螳螂的妙计，真的是把它当成什么凶猛的怪物了。当蝗虫看到螳螂的这副奇怪的样子以后，当时就有些吓呆了，紧紧地注视着面前的这个怪里怪气的家伙，一动也不动，在没有弄清来者是谁之前，它是不敢轻易地向对方发起什么攻势的。这样一来，一向善于蹦来跳去的蝗虫，现在，竟然一下子不知所措了，甚至连马上跳起来逃跑也想不起来了。已经慌了神儿的蝗虫，完全把"三十六计，走为上策"这一招儿忘到脑后去了。可怜的小蝗虫害怕极了，怯生生地伏在原地，不敢发出半点声响，生怕稍不留神，便会命丧黄泉。在它最害怕的时候，它甚至莫名其妙地向前移动，靠近了螳螂。它居然如此的恐慌，到了自己要去送死的地步。看来螳螂的心理战术是完全成功了。

当那个可怜的蝗虫移动到螳螂刚好可以碰到它的时候，螳螂就毫不客气，一点儿也不留情地立刻动用它的武器，用它那有力的"掌"重重地击打那个可怜虫，再用那两条锯子用力地把它压紧。于是，那个小俘虏无论怎样顽强抵抗，也无济于事了。接下来，这个残暴的魔鬼胜利者便开始咀嚼它

名师指导

通过描写小蝗虫的惶恐，侧面表现螳螂心理战术的成功。

的战利品了。它肯定是会感到十分得意的。<u>就这样，像秋风扫落叶一样地对待敌人，是螳螂永不改变的信条。</u>

在蜘蛛捕捉食物、降服敌人的时候，它通常采取的办法是：首先，一上来便先发制人，猛烈地刺击敌人的颈部，让它中毒。这样做的好处是对手中了毒，自然也就没有了力气，也就不能继续抵抗防卫了。先下手为强嘛！与此相同，螳螂在攻击蝗虫的时候，也是首先重重地、不留情面地击打对方的颈部。受了一顿狂轰滥炸的痛捶之后，再加上先前万分的恐惧，蝗虫的运动能力逐渐下降，动作慢慢地迟缓下来。也许是已经被打蒙了的原因吧。<u>这种办法既有效又非常实用。螳螂就是利用这种办法，屡屡取得战斗的胜利。无论是杀伤并食用和它一样大小的动物，还是对付比自己还要大一些的昆虫，这种办法都是十分有效的。</u>不过，最让人感到奇怪的，就是这么一只小个儿的昆虫，竟然是一种十分贪吃的动物，能吃掉这么多的食物。

那些爱掘地的黄蜂们，算得上是螳螂的美餐之一了，因此常常受到螳螂的光顾。在黄蜂的窠巢近区看到螳螂的身影屡屡出现，便不足为奇了。螳螂总是埋伏在蜂窠的周围，等待时机，特别是那种能获得双重报酬的好机会。为什么说是双重报酬呢？原来，有的时候，螳螂等待的不仅仅是黄蜂本身，因为黄蜂自己的身上常常也会携带一些属于它自己的俘虏。这样一来，对于螳螂而言，不就是双份的俘虏、双重报酬了吗？不过，螳螂并不总是这么走运的，也有不太幸运的时候。有时，它也会什么都等不到，无功而返。主要原因是，黄蜂已经有所疑虑，从而有所戒备了，才让螳螂失望而归。但是，也有个别掉以轻心者虽已发觉但仍不当心的，被螳螂

看准时机，一举将其抓获。这些命运悲惨的黄蜂为什么会遭到螳螂的毒手呢？因为，有一些刚从外面回家的黄蜂，它们振翅飞来，有一些粗心大意，对早已埋伏起来的敌人毫无戒备。当突然发觉大敌当前时，会被猛地吓了一跳，心里会稍稍迟疑一下，飞行速度忽然减慢下来。但是，就在这千钧一发的关键时刻，螳螂的行动简直是迅雷不及掩耳。于是，黄蜂一瞬间便坠入那个两排锯齿的捕捉器中——即螳螂的前臂和上臂的锯齿之中了。螳螂就是这样出其不意，以快制胜的。接下来，那个不幸的牺牲者就会被胜利者一口一口地蚕食掉，成了螳螂的一顿美餐。

记得有一次，我曾看见过这样有趣的一幕：有一只黄蜂，刚刚俘获了一只蜜蜂，并把它带回到自己的储藏室里，享用这只蜜蜂体内的蜜汁。不料，正在它吃得高兴的时候，遭到了一只凶悍的螳螂的突然袭击，它无力还击，便束手就擒了。这只黄蜂正在吃蜜蜂的嗉袋里储藏的蜜，但是螳螂的双锯，在不经意中，竟然有力地夹在了它的身上。可是，就是在这种被俘虏的关键时刻，无论怎样的惊吓、恐怖和痛苦，竟然不能让这只贪吃的小动物停止继续吸食蜜蜂体内的蜜汁，它依然在舔食着那芳香诱人的蜜汁。这真是太奇异了，真是"人为财死，鸟为食亡"啊！

螳螂，这样一种凶狠恶毒、有如魔鬼一般的小动物，它的食物的范围并不仅仅局限于其他种类的所有昆虫。螳螂的气概虽然特别神圣，但是，或许你想不到，因为这实在是让人不可思议。事实上，螳螂还是一种食其同类的动物呢。也就是说，螳螂是会吃螳螂的，会吃掉自己的兄弟姐妹。而且，在它吃的时候，面不改色心不跳，十分泰然自若，那副样子，

名师指导
展示出螳螂高超的捕获本领。

名师指导

　　螳螂的冷酷无情让人不可思议。

简直和它吃蝗虫、吃蚱蜢的时候一模一样，仿佛这是天经地义的事情。并且，与此同时，围绕在食同类的螳螂旁边围观的观众们，也没有任何反应，没有任何抵抗的行动。不仅如此，这些观众还纷纷跃跃欲试，时刻准备着，一旦有了机会，它们也会做同样的事情，也同样地毫不在乎，仿佛顺理成章似的。然而在事实上，雌性螳螂甚至还有食用它丈夫的习性。这可真让人吃惊！在吃它的丈夫的时候，雌性螳螂会咬住它丈夫的头颈，然后一口一口地吃下去。最后，剩余下来的只是两片薄薄的翅膀而已。这真让人难以置信。

名师指导

　　直抒胸臆，再次强调了螳螂的凶狠与残酷。

　　螳螂真的是比狼还要狠毒十倍啊！听说，即便是狼，也不吃它们的同类。那么，螳螂真的是很可怕的动物了！

阅读鉴赏

　　螳螂是我们所熟知的一种小昆虫，作者在介绍它的时候先从古希腊的传说入手，为我们描绘出一个温柔娴雅的绿色小生命，而后又浓墨重彩地详细介绍了螳螂鲜为人知的另一面——它是凶残的杀手。细致的观察结果和人们的一贯印象悬殊如此巨大，对比强烈。

　　文章中对螳螂捕杀蝗虫、黄蜂的描写生动细致、扣人心弦，将螳螂的凶狠刻画得淋漓尽致。在文章末尾处，作者直抒胸臆感慨道："螳螂真的是比狼还要狠毒十倍啊！"如此评价文章中的主人公，在作者整部作品中也不多见，螳螂的凶残可见一斑。一遇到美食，螳螂便脱下美丽优雅的外衣，露出凶残的本色，我们姑且可以把这理解成"鸟为食亡"的昆虫本能，那么人呢？

知识拓展

-三十六计，走为上策-

　　"三十六计，走为上策"又称"三十六计，走为上计"，语出自《南齐书·王敬则传》："檀公三十六策，走是上计。"檀公指南朝名将檀道济，相传有《檀公三十六计》。此外，我国古代其他兵法也有论述。《淮南子·兵略训》："实（力量强大）则斗，虚（寡不敌众）则走。"我国另一部兵书《兵法圆机·利》也有："避而有所全，则避也。"《孙子·虚实篇》说："退而不可追者，速而不可及也。"《吴子·料敌》也说："凡此不如敌人，避之勿疑；所谓见可而进，知难而退也。"

　　由此可见，"三十六计，走为上策"是指在我方不如敌方的情况下，为了保存实力主动撤退。所谓"上策"，不是说"走"在三十六计中是上策，而是说，在敌强我弱的情况下，我方有几种选择：求和、投降、死拼、撤退。四种选择中，前三种是完全没有出路的，是彻底的失败；只有第四种"撤退"才可以保存实力，以图卷土重来，这是最好的抉择，因此说"走"为上。

绿蚱蜢

蚱蜢身披环保的绿色外衣，长着健美粗壮的大腿，仅从外形来看，这就是个讨人喜欢的小生命。不过，你看到过蚱蜢捕食那惊心动魄的一幕吗？你了解蚱蜢的饮食习性吗？了解蚱蜢种群中存在的杀戮吗？了解蚱蜢如何求爱吗？下面这篇文章会满足你的种种好奇心。

眼下是 7 月，按照日历，伏天现在才开始；但实际上，酷暑已经赶在了日历的前头，几个星期来，气温高得折磨人。

人们今晚在镇上欢度国庆，顽皮的孩子们正围着一堆快乐之火蹦蹦跳跳，火光影影绰绰地映在教堂钟的钟面上，"扑叭扑叭"的鼓声，给每束火焰增添了庄严的气氛。我独自一人，躲在黑暗的一角，置身于晚上九点时已颇显凉爽的环境之中，倾听着田野的节日大合唱，这是庆祝收获的欢唱。这种节日，比起那正在村镇广场上由烟花、篝火、纸灯笼乃至烈性烧酒所欢庆的节日来，可要庄严壮丽得多。简单而至美，宁静而至强。

夜已深了，蝉鸣声止。整个白昼，它们饱尝阳光和炎热，尽情欢唱不止，而夜晚来临，它们要歇息了，但是它们却常常被搅扰得无法休息。在梧桐树那浓密的枝杈中，突然会传来一声如哀鸣般的闷响，短促而凄厉。这是被绿蚱蜢突然袭击所惊扰的蝉的绝望哀号。绿蚱蜢是夜间凶猛凌厉的猎手，它向蝉扑去，拦腰将蝉抱住，把它开膛破肚、掏心取肺。欢歌曼舞之后，竟是杀戮。

在我的住处附近，绿蚱蜢似乎并不多见。去年，我计划着研究研究这种昆虫，但是一直没有找到过它，只好恳求一位看林人帮忙，他终于帮我从拉加尔德高原弄到两对绿蚱蜢。那里是严寒地区，山毛榉现在正开始往旺杜峰长上去。

好运总是要先捉弄人一番，然后才向坚忍不拔者微笑。去年久寻不见的绿蚱蜢，今夏已经几乎是随处可见了，我用不着走出我那狭小的园子，就能捉到它们，想要捉多少就有多少。每天晚上，我都听见它们在茂密的树丛草柯中鸣叫。把握好这个好时机，机不可失，时不再来。

自6月份起，我便把我所捉到的足够多的一对对绿蚱蜢关进一只金属网钟形罩中，下面是一只瓦罐，铺了一层沙子作底。这漂亮的昆虫简直棒极了，全身淡绿色，身体两侧有两条淡白色的饰带。它体形优美、身轻体健，一对罗纱大翅，是蝗虫科昆虫中最优雅美丽的。我因捉到这样的一些俘虏而扬扬自得，它们将会告诉我些什么呀？等着瞧吧。眼下必须把它们喂养好。

我给这帮囚徒喂莴苣叶。它们果然在啃咬，但是吃得极少，而且不屑吃的样子。我很快就弄明白了：我养的是一些不太甘愿吃素的家伙。它们需要别的，看上去是想捕捉活食。但到底是哪种活食呢？一个偶然的机会碰巧让我知道了是什么。

破晓时分，我在门前溜达，突然旁边一棵梧桐树上掉下点什么东西，还吱吱地在叫。我赶忙跑上前去，是一只蚱蜢在掏空被它抓住的一只蝉的肚腹。蝉徒劳地鸣叫、挣扎，蚱蜢始终紧咬住不放，把脑袋深扎进蝉的内脏中，一小口一小口地撕拽着。

我明白了：蚱蜢是一大早在树的高处趁蝉歇息时发动袭击的，受袭的被活活开膛的蝉猛然一惊，随即进攻者和被袭者扭成一团跌落下来。那次以后，我曾多次看到这类似的屠杀场面。

我甚至见到过胆量过人的蚱蜢蹿起追扑晕头转向乱飞逃命的蝉，犹如在高空中追逐云雀的苍鹰。与胆量过人的蚱蜢相比，猛禽略逊一筹。苍鹰是专攻比自己弱小的动物，而蝗虫类则相反，它攻击比自己个头儿大得多、强壮得多的庞然大物，而这场个头儿相差许多的肉搏的结果是小个头儿必赢无疑。蚱蜢有极强的下颚和利爪，很少有不把对手开膛破肚的，而后者因没有武器，只有哀号和挣扎的份儿了。

要紧的是要把猎物攥住，这倒并不难，趁夜间猎物打盹儿的工夫下手即可。凡是被夜巡的凶猛的蚱蜢撞上的蝉都难免惨死。这就可以理解，为什么夜阑人静、蝉声停叫之时，有时会突然听见树冠中传出吱吱的惨叫声。那是身着淡绿色衣服的强盗刚刚捉住一只入睡了的蝉。

找到了我的食客们所需的食物，我就用蝉来喂养它们。它们觉得这道菜非常合胃口，所以两三个星期的工夫，我那笼子里就一片狼藉，蝉脑袋、空胸壳、断翅膀、断肢碎爪，无处不在。只有肚子几乎整个儿地不见了。肚腹是块好肉，虽然营养成分不高，但看来味道很好。

确实，蝉腹中的嗉囊①里积存着糖浆，那是蝉用自己的小钻从嫩树皮里汲出来的香甜液汁。是否就因为这种"蜜饯"的缘故，蝉的肚腹才成为"猎人"的首选？这很可能。

为了使食谱多样化，我其实还专门喂它们一些香甜的水果，比如梨片、葡萄、甜瓜片等，这些水果它们全都很爱吃。绿蚱蜢就像英国人，它非常喜欢浇上果酱的牛排。也许这就是为什么它一抓住蝉，就开膛破肚的缘故：肚子里装着裹着果酱的鲜美肉食。

并非在任何地方都可以吃到这种甜蝉美味的。在北方地区，绿蚱蜢遍地皆是，它们不可能找得到它们在我们这儿所热衷的这种美食，它们大概还有别的食物。

为了弄清楚这个问题，我给它们喂细毛鳃角金龟，这是一种夏季鳃角金龟，与春季鳃角金龟相同。这种鞘翅昆虫一扔进笼里，绿蚱蜢们便毫不迟疑地扑上去了，吃得只剩下鞘翅、脑袋和爪子。我又投进去漂亮而肉肥的松树鳃角金龟，结果也一样，第二天我发现它被那帮凶神恶煞给开膛破肚了。

这些例子已足以说明问题了。蚱蜢是个嗜食者，尤其爱吃没有过硬甲胄保护的那些昆虫；这还证明它特别喜欢肉食，但又像螳螂那样只吃自己捕获的猎物。这个杀蝉的刽子手还知道肉食热量太高，须用素食加以调剂，吃

---

① 嗉囊（sù náng）：鸟或昆虫的储存食物的袋形器官，是消化器官的一部分。

完肉喝完血之后，还要来点水果什么的，有时候，实在没有水果，来点草吃也是可以的。

然而，同类相残仍然存在。其实我还从未看到我笼中的飞蝗像螳螂那样的野蛮行径，后者经常拿自己的情敌开刀，吞食自己的情侣。不过，假若笼中的某个体弱的飞蝗倒下，幸存者们会像对待一般猎物那样毫不迟疑地扑上去的。它们并不是因为食物匮乏才以死去的同伴充饥的。不管怎么说，凡是身有佩刀的昆虫都不同程度地有以伤残同伴为食的癖好。除了这一点之外，我笼子里的飞蝗们倒是和平共处地生活着。它们彼此之间从未见有过狠打狠斗，顶多也就是因食物而稍许争抢一番而已。我刚扔进笼子里一片梨，一只飞蝗便立即霸占上了。因为怕别人来争抢，它就踢腿蹬脚，不让别人过来抢它的美食。它吃饱了，就把位子让给别人，后者随即也霸道地占着梨片。笼中的食客就这么一个一个地飞上去占上一番。吃饱喝足之后，大家便用大颚尖挠挠脚掌，用爪子蘸点唾沫擦擦额头和眼睛，然后便用爪子抓住网纱或躺在沙地上做沉思状，悠然自得地消食。它们白天的大部分时间都睡大觉，尤其是天气炎热时，更是如此。

到了日落西山、夜幕降临时，这帮家伙劲头儿便上来了。9点钟光景，闹腾得最欢，忽而猛地冲上圆顶高处，忽而又兴冲冲地下来，一会儿再冲上去。大家吵嚷着来来去去，在环形道上跑跑跳跳，遇上好吃的便咬上两口，也不停下来。

雄性绿蚱蜢待在一旁，用触须挑逗路过的雌性。未来的母亲们庄重严肃地踱着步，佩刀半抬着。对于那些猴急的狂热雄性来说，现在的大事就是交配。有经验者一看就知道它们想干什么。

这也是我所观察的主要内容。我的愿望得以满足，但并不是完全满足，因为下面的好事拖得太晚，我没能看到最后那一幕，那最后的一幕要拖到深夜或者凌晨。

我所看到的那一点点只局限于没完没了的序幕那一段。热恋的情侣面对面，几乎头碰头地用各自的柔软触角彼此触摸、互相试探。它们仿佛两个用花剑互击来互击去以示友好的对手。雄性不时地鸣叫几声，用琴弓拉上几下，然后便寂然无声，也许是因为过于激动而没继续拉下去。11点了，求爱仍未结束，我实在是困得不行，颇为遗憾地撇下了这对情侣。

第二天早晨，雌性产卵管根部下方吊挂着一个奇特的玩意儿，是装着精子的口袋，宛如一只乳白色的小灯泡，大小如天平砝码，隐约地分成数量不多的长圆形囊泡。当雌性绿蚱蜢走动时，那小灯泡擦着地，粘上一些沙粒。然后，它拿这个受孕的小灯泡当作盛宴，慢慢地将其中的东西吸尽，再咬住干薄皮囊，久久地反复咀嚼，最后再全部吞咽下去。不到半天工夫，那乳白色的赘物消失了，连渣渣沫沫都全部被它美滋滋地吃光了。

阅读鉴赏

文章语言风趣、笔调轻快。"全身淡绿色，身体两侧有两条淡白色的饰带。它体形优美、身轻体健，一对罗纱大翅，是蝗虫科昆虫中最优雅美丽的。"这些外貌描写毫不掩饰地流露出作者对蚱蜢的喜爱。"吃饱喝足之后，大家便用大颚尖挠挠脚掌，用爪子蘸点唾沫擦擦额头和眼睛，然后便用爪子抓住网纱或躺在沙地上做沉思状，悠然自得地消食。"拟人化的场面描写充满趣味，形象生动。作者最后还给我们留下了一个疑团：受了孕的雌性蚱蜢为何将装着精子的孕囊吞食掉呢？可惜的是他没有解释，原因也不得而知。

知识拓展

-法国国庆日-

7月14日是法国国庆日。1789年的这一天，巴黎人民攻占了象征封建统治的巴士底狱，推翻了君主政权。1880年，7月14日被正式确立为法国的国庆日，法国人每年都要隆重纪念这个象征自由和革命的日子。国庆节是法国最隆重的民众节日，7月14日这天，全国放假一天。节日前夕，家家户户都挂起彩旗，所有建筑物和公共场所都饰以彩灯和花环，街头路口搭起一座座饰有红、白、蓝三色布帷的露天舞台，管弦乐队在台上演奏着民间流行乐曲。

隧蜂门卫

初见隧蜂的名字可能会感觉陌生，其实它也是蜜蜂的一种。只不过隧蜂深居在地下洞穴中。它们群居生活，其乐融融。但是，你是否注意到保护它们安定生活的隧蜂门卫呢？它们是否像勇武的士兵那样，年轻力壮、意气风发呢？

隧蜂忙着干活儿时进进出出的景象煞是好看。一只采花粉的雌蜂从田野归来，毛茸茸的爪子上沾满了花粉。如果洞门无蜂进出，它便立刻钻进地下去——在门口稍停片刻纯属浪费时间，而活儿不等人。有时候，有好几只间隔不久，相继而来。通道太狭窄，容不下两只同时进出，特别是要避免相互摩擦，蹭掉了各自爪子上的花粉。于是离洞口最近的就赶快钻入。其他的隧蜂则在门口按先后次序排好，不挤不拥，等着轮到自己进入。第一只一钻入地下，第二只便紧随其后，然后第三只、第四只，一只一只迅速地跟着钻入地下。有时候会遇到一只要进一只要出的情况。于是，要进去的便稍往后退，礼让要出的先出来，礼让是相互间的。我就看见过有一些隧蜂正要钻出地面，又返回去，让出通道给刚飞回来的隧蜂。我们再仔细地观察，还有比这种进出的良好秩序更好的哩。当一只隧蜂在花间采集归来时，我看见一种关闭屋门的活门突然降了下去，让通道可以通行。当到来的隧蜂一钻进门里，活门又升回到原先的位置，几乎与地面持平，又关上了。有隧蜂出来，活门也同样操作，活门从后面推顶，往下降去，门就启开，隧蜂便可飞出，隧蜂一飞出来，门又重

名师指导

表现了隧蜂良好的组织性与纪律性。

新关上。

这个在隧蜂每次飞进或飞出时在井坑圆柱体内像活塞似的或升或降、或开或闭的活门到底是什么东西？这是一只隧蜂，它已成了宅子的看门人。它用自己的大脑袋在前厅上面形成一道无法逾越的障碍。如果宅子里有谁要进来或出去，它就拉动绳子，也就是说，它就退至通道的一处较宽、可以容下两只隧蜂的地方。对方通过之后，它便立即回到洞口，用脑袋把口堵住。它一动不动，用目光搜索着，只有在抓捕那些不知趣的家伙时它才离开自己的岗位。

它看上去与其他现在正忙着采集花粉的隧蜂一模一样，不过，它已秃顶，衣服破旧，身无光泽。在其半脱毛的背部，漂亮的褐色与棕红相间的斑马纹腰带几乎已丧失殆尽。在洞口站岗放哨、看门守屋的这只隧蜂比其他的隧蜂年岁大。它是这个住宅的建造者，是现在正在忙着采集花粉的隧蜂姐妹们的妈妈，是现在还是幼虫的隧蜂们的外婆。3年前，当它还是个花季少女时，它单枪匹马地拼命干活儿，累得精疲力竭，它现在还在干活儿，它在为这个家尽自己的绵薄之力，它不能再生儿育女，便当上了看门人。

一只蚂蚁路过洞穴附近，它很想知道洞底下为何有蜜的甜香味飘上来。隧蜂看门人脖子一扭，意思是说："滚开，不然要你的命！"通常，这种威吓的动作就足够了，蚂蚁见状会赶紧走开。如果它赖着不走，隧蜂看门人便会飞出洞来，向那大胆狂徒扑过去，推搡它、驱赶它，把窃贼赶跑之后，隧蜂门卫便立刻回到哨位，继续站岗放哨。

现在我们来谈谈切叶蜂。切叶蜂不谙挖洞技巧，便学着同胞的样儿，使用一些别的蜂留下的旧通道。当春天的小飞蝇把隧蜂的地下通道掏得空空荡荡的时候，这通道对于切叶蜂来说就很合适了。切叶蜂在寻找一处可以堆放其用刺槐叶制作的羊袋皮似的住所时，经常绕着隧蜂小镇飞来飞去、寻寻觅觅。它觉得有一个洞穴挺合适的。但是，在落地之前，它的嗡嗡声已经被隧蜂门卫察觉了，只见后者突然飞出，在其门口做了几个手势。这就够了，切叶蜂立刻就明白了，赶紧离去。

有时候，切叶蜂还有时间迅疾落下，将头探入井口。隧蜂看门人会立即出现，脑袋稍稍抬起，把洞口堵住，随即出现一种不太严重的对峙。外来者很快便明白这个洞穴已有主儿了，不可冒犯，也就不再坚持，到别处寻觅住所去了。

在隧蜂外婆们之间，也是同样的互不相容。将近7月中旬，当隧蜂小镇热闹繁忙的时候，有两种隧蜂是很容易辨认的：年轻的隧蜂妈妈和隧蜂老媪。隧蜂妈妈数量更多，体轻身健、衣着鲜艳，不停地从田野到洞穴，从洞穴到田野地飞来飞去。而隧蜂老媪则面容枯槁、无精打采，懒散闲淡地从一个洞穴逛到另一个洞穴，让人看着好像是迷失了路径，摸不着自己的家门了。它们这么游来荡去的是怎么回事？我看见它们一个个都一副伤心痛苦状，这是春天的可恶的小飞蝇干的好事，它们已无家可归了，很多洞穴全部被扫荡一空。夏季来临，隧蜂老媪孤身一人，只好离开自己那已成空房的家屋，去寻找一处有摇篮、需看护、有岗要站的住宅。但是，这些幸福的家庭已经有了自己的守卫，亦即其创建者，它紧把着自己的权利，对于自己的无业邻居十分冷漠。

有时候我还能看到两位隧蜂外婆在争吵。当寻找职业的游荡者突然来到大门前的时候，合法的那位看守者并不离开

名师指导
突出了隧蜂老媪失去洞穴后的孤苦、凄凉、无助。

自己的哨位，不像见到自己的孩子从田野回来那样，退回到过道里去。它绝不让出通道，并用爪子和大颚进行威胁，对方也不示弱，仍旧想要闯入，双方便推搡起来，争斗以外来者的失败而告终，失败者只好去别处找碴儿寻衅了。

这些小场景让我们从斑马纹隧蜂的习性中隐约看到某些极有意思的细节。春季筑巢做窝的隧蜂妈妈一旦工程完工，就不再走出家门。它要么隐于狭小肮脏的洞穴深处，一心一意地干些琐碎的家务活儿；要么懒洋洋地等待着孩子们的出世。夏日炎炎，隧蜂小镇又一片繁忙热闹时，外面采集的活儿用不着它去干，只好在前厅入口处站岗放哨，只许自己外出劳作的孩子们进入，不许别有用心的歹徒有非分之想。没有隧蜂外婆的许可，谁也甭想入内。

没有任何迹象表明，这个警惕的门卫擅离过职守。我从未见过它离开家门，去花间大快朵颐，以恢复体力。它年事已高，而且其看家护院的活儿也不很累，也许就用不着吃什么东西，也许孩子们采集归来，时不时地从自己的嗉囊中吐出一点儿来给它。不管吃与不吃，反正是隧蜂外婆不再出门了。

但是，它却需要有天伦之乐。它们当中有不少已无家庭欢乐了，双翅目小飞蝇把它们的家洗劫一空。被洗劫者们只好撤弃那已空空荡荡的洞穴。衣衫褴褛、忧心忡忡地在隧蜂小镇四处游荡的正是它们。它们并不走远，更经常的是待在原地一动不动。它们因而变得脾气暴躁，粗暴地对待他人，竭力赶走别人。它们就这样一天一天地变少、变衰，最后消亡。它们的下场是什么？小灰蜥蜴一直在窥伺着它们，拿它们饱了口福。

那些安居于自己领地中、看守着自己的孩子们劳作的制蜜作坊的隧蜂，始终保持着高度的警惕，一丝不苟。我同它们接触越多，就愈发地钦佩它们。清晨凉爽时，采集花粉的隧蜂们因找不到被太阳晒熟的花粉而闭门不出的时候，我就看见隧蜂门卫待在通道上端入口的自己的岗位上。它们一动不动地待在那儿，脑袋堵住入口，与地面持平，以防外来者侵入。如果我离得太近地观察它们，它们就稍稍后退，在暗处等着我这个不速之客离去。

上午 8 点至 12 点，采集高峰时，我又来观察。由于采集女工们进进出出，一片繁忙，我就看见那扇门一会儿开一会儿关的，忙个不停。这时是隧蜂门卫最紧张最累的时刻。

午后，天气太热，花粉采集工们不再去田间野地里了。它们钻进住宅底部，油漆新建的蜂房，制作供虫卵所需的圆面包。隧蜂外婆始终留在上面，用自己那光秃秃的脑袋堵住大门。即使天气再热，门卫也不能午睡，因为必须保证全家人的安全。

夜幕降临或者更晚一些，我又回来观察。我凭借提灯的光亮又看到隧蜂门卫仍旧如白天一样忠于职守。其他的隧蜂都休息了，而门卫却没有，它明显地是在担心夜间会出现危险，而这些危险只有它才了解。

名师指导

通过对比写出了隧蜂门卫的忠于职守、兢兢业业。

很明显，如此这般地守卫着的洞穴就可以避免类似于 5 月那使家庭大量减员的灾祸的发生。让盗窃隧蜂面包的窃贼小飞蝇现在来试试看。它的冥顽不化，它的大胆妄为是绝逃不过时刻高度警惕着的门卫的。后者稍加威胁就能吓退来犯者，要是来犯者执意不走，它非用大钳把来犯者夹碎不可。窃贼小飞蝇将不会来了，个中原委我们很清楚，因为到春回

大地之前，它们都待在地下，处于蛹的状态。

但是，就算小飞蝇没了，可在蝇科这种低下层次中，还有其他一些攫取他人财富者。这些家伙什么坏事都干得出来，无所不用其极。可是，8月里，我在各个洞穴附近查看时就一个都没有撞见。这帮混账东西真是暗中偷盗的高手！它们多么了解隧蜂门口有门卫在把守着啊！对于它们来说，今天是没有机会了，所以一只蝇科昆虫都未出现，春天的那种灾祸未再降临。

隧蜂外婆因年岁大而免除了做母亲的烦恼，专司大门守卫、保护全家老小安全之职，这告诉我们在本能起源中突然出现的一些事。隧蜂外婆向我们展示了一种突然而至的才能。而这种才能，无论是在它自己过去的行为举止中还是在它女儿们的一举一动中，都没有任何东西使我们能够猜测出来的。

从前，当凶残的小飞蝇当着它的面闯入家中时，或者更经常的是，当小飞蝇待在入口处，与它面面相对时，愚蠢的隧蜂竟然一动不动，甚至连吓唬一下这个红眼强盗都没有，而它本可以轻易地就把这个小侏儒制服的。它这是被吓住了吗？不会的，因为它仍然像没事似的忙着自个儿的事；不会的，因为强者不会就这么被弱者吓倒的。这是因为它对大祸临头一无所知，这是因为它愚不可及。

可是今天，这个3个月前还愚昧无知的隧蜂无师自通地非常了解危险之所在了。任何外来者，只要一出现，无论个儿大个儿小，无论属于哪一种属，一概拒之门外。如果肢体的威吓无济于事的话，隧蜂门卫就会跑出洞外，向赖着不走者扑过去，原先的胆小者现在无所畏惧了。

怎么会有这种一百八十度的大转弯呢？我倒是希望这是因为隧蜂吸取了春天灾难的教训，从今往后便开始提防危险了；我也很想赞扬它是受到经验教训的启迪转而学会担当门卫的重任。但是，我这种想法是错误的。如果说隧蜂是由于一点点的进步，终于学会了安排一个门卫来看家护院的话，那又怎么会对窃贼的担心时有时无呢？5月时节，它单枪匹马，的确无法长期把守大门：首当其冲的是要干家务活儿。但是，自它的家族遭受迫害时起，它至少是应该了解这种寄生虫——小飞蝇，而且当后者几乎每时每刻都在自己的脚前爪下转悠时，甚至跑到自己的家中来时，它至少应该把窃贼赶走才对，但它并没有这么做。

粮食准备充足之后，隧蜂便不再外出去采集花粉，也不再满载花粉而归，可这时候，隧蜂外婆仍一如既往地保持着警惕，坚守自己门卫的岗位。最后的准备工作就在地下洞穴中进行，那关系到一窝小隧蜂；各个蜂巢关闭了起来。直到所有的一切全部结束之前，洞口大门将始终严密地被把守着，然后，隧蜂外婆和隧蜂妈妈将离开家屋。

自9月起，第二代隧蜂便出现了，既有雌蜂，也有雄蜂。

❖ 阅读鉴赏 ❖

文章的笔触细腻而深情，不时流露出作者对隧蜂老妪的怜悯。蚂蚁和切叶蜂入侵的细节描写，生动地展现了隧蜂门卫是如何恪尽职守的。失去洞穴后，隧蜂老妪不舍旧业，甚至想抢同行的工作。在这段中作者通过隧蜂老妪和年轻雌性隧蜂的对比描写，以及它和别的隧蜂门卫斗争的细节描写，将可怜的隧蜂老妪渴望家庭温暖的凄凉孤苦渲染得淋漓尽致。隧蜂老妪的美好品质虽然是本能使然，却比我们人类的理智升华出的"牺牲精神"更加可贵！

❖ 知识拓展 ❖

-切叶蜂-

切叶蜂是农、林、牧业植物的重要传粉蜜蜂。切叶蜂同蜜蜂外形相似，但这类昆虫最明显的特征是，它的腹部生有一簇金黄色的短毛。由于它们常从植物的叶子上切取半圆形的小片带进蜂巢内而得名。

切叶蜂为寡食性或多食性，独栖生活，1年繁殖1～2代。春季雄性切叶蜂先于雌蜂出房，出房后在未出房的雌蜂巢穴上方盘旋飞行，寻找雌蜂交配，雄蜂交配后在几日内死亡。雌蜂有产卵繁殖后代的能力，也是主要的授粉者，雌蜂交配后从事筑巢、采集和培育后代的工作。

清洁卫士——圣甲虫

圣甲虫，俗称蜣螂、屎壳郎。以动物粪便为食，所以住在钢筋水泥森林的人们就很难看到它们的身影。法布尔对圣甲虫情有独钟，他一生研究了很多种粪金龟，其中，这种叫"圣甲虫"的粪金龟，法布尔连续研究了30多年。这种小昆虫究竟有何魔力，让作者对其如此痴迷呢？

早在古埃及，人们惊奇地看到蜣螂滚动粪球，从无到有，认为它含有"诞生"之意，是使日转星移的神的化身，因而对它们非常崇拜，称其为"圣甲虫"。在广大的甲虫世界里，圣甲虫是最神气的，它们的身体外面套着闪出青铜色、翠绿色或者深蓝色光芒的盔甲。古埃及人甚至将这种甲虫作为图腾之物，当法老死去时，他的心脏就会被切出来，换上一块缀满圣甲虫的石头。

筑窝造巢、保护家庭，这是集中了各种本能特性的至高表现。鸟类这灵巧的工程师，让我们领略到这一点；才能更趋多样化的昆虫，又让我们领略到了这一点。昆虫告诉我们：母性是使本能具备创造性的灵感之源。母性是用以维持种群的持久性的，这件事比保持个体的存在更要紧。为此，母性唤醒最浑噩的智力，令其萌发远见卓识。母性是三倍神圣的泉源，难以想象的心智灵光潜藏在那里；待其突然光芒四射，我们便于恍惚中顿悟到一种避免失误的理性。母性愈显著，本能愈优越。

在母性与本能的关系表现方面，最值得重视的是膜翅目昆虫，它们身上凝聚着深厚的母爱。一切得天独厚的本能才干，都被它们用来为后代谋求食宿。它们的复眼将绝不可能看到自己的家族了，然而凭着母性的预见力，它们对这个家族有着清醒的意识。正由于心中装着自己的家族，它们使自己成为身怀整套技艺的各种行家里手。于是，在它们当中，有的成了棉织品或其他絮状材料缩绒制品的手工场主；有的成了用细叶片编制篓筐的篾匠；这一位当上了泥瓦匠，建造水泥宅屋和碎石块屋顶；那一位办起陶瓷作坊，用黏土捏塑精美的尖底瓮①，还有坛罐和大肚瓶；另一位则潜心于挖掘技术，在闷热潮湿的工作条件下，去掘造神秘的地下建筑。它们掌握许多与我们相仿的技艺，甚至连我们不少都仍感生疏的技艺，也已经在昆虫那里实际应用于住宅建造了。解决了住宅问题，又解决未来的食物问题：它们制作蜜团、制作花粉糕，还有野味罐头。这类似以家庭未来为首要目标的工程，闪烁着由母性激发的各种最高形式的本能意志。

昆虫学范围的其他各类昆虫，母爱一般都显得很粗浅、草率。它们把卵产在良好的地点，这之后，就靠幼虫自己，冒着失败的风险，面对丧生的威胁，去寻找栖身处所和食物。几乎绝大多数昆虫，都是这样对待后代。养育过程既然如此简单，智能也就无关紧要了。里库格把艺术从他的斯巴达共和国里统统驱逐出去，他指责艺术使人萎靡②。按斯巴达方式养育出的昆虫，自身那些最高级的本能灵性就这样消失泯灭了。母亲从照料摇篮的诸种温柔细腻的操持中解脱出来，其一切特性中最优越的智能特性，便随之逐渐削弱，直至最终消失。所以，无论就动物而言，还是就人类而言，家庭都是产生对精益求精、尽善尽美追求的一种根源，这一点千真万确。

对后代关怀备至的膜翅目昆虫，确实令我们赞叹。相比之下，把后代推出去碰运气的种种昆虫，则令人很不感兴趣。我们大家知道，几乎所有的昆虫，都是抛弃后代的昆虫。但据我所知，根据法国各种地方动物志的记载，像采蜜的虫类和埋野味篓的虫类那样，能够为家庭准备食住的昆虫，还有一种。

说来蹊跷，在母爱之丰富细腻方面，能够与以花为食的蜂类媲美的，竟只有那开发垃圾、净化被畜群污染的草地的各种粪金龟类。你想找一位富于本能、忠于职守的昆虫母亲，却必须摆脱花坛里馥郁芬芳的花朵，转向马路

① 瓮（wèng）：一种盛水或酒等的陶器。

② 萎靡（wěi mǐ）：精神不振作，意志消沉。

上那些骡马遗弃的粪堆，在大自然中充满这类反差对照。我们所谓的丑和美、脏和净，在大自然那里是没有意义的。大自然以污染造就香花，用少许粪料提炼出我们赞不绝口的优质麦粒。

尽管各种粪金龟类干着与粪便打交道的活计，然而却荣享盛誉。它们一般都生着一副有利的身材；它们穿着样式简单但光泽性很好的外衣；它们身体胖胖的，却压缩成扁片体型；它们的额头和胸廓上，佩戴着奇特的饰物；若放在收藏家的盒子里，它们就更显得光彩照人了。尤其是法国境内的粪金龟类，它们当中不仅有最常见的各种乌黑发亮的虫种，而且还有若干金光闪闪和紫辉灿灿的热带虫种。

粪金龟类是畜群的常客，与牲畜几乎是形影不离的；恰好它们身上能散发一种苯甲酸的微香。一向不大注意使用优美语言的昆虫分类词典编纂者们，发现粪金龟竟还有田园生活般的习俗，无不刮目相看。于是，他们也摒弃前嫌，在该类昆虫的简介文字开始部分，写进以下名称：玫丽贝、蒂迪尔、雅明达思、阁利冬、阿丽克西施、毛波絮丝。粪金龟这一连串称号，都是古代田园诗中，被诗人们叫响了的。

牛粪堆儿上，瞧那个你争我夺的劲头儿呀！从全球各地蜂拥到加利福尼亚的淘金者们也没有它们的那股狂热劲儿。在太阳太毒之前，它们成百成百地奔来，大大小小、形状各异，体形有长有短，品种齐全，全都乱糟糟地爬来滚去，意欲在这个大蛋糕上为自己分上一份儿。有的在露天干活儿，在表层搜刮；有的钻进厚实的牛粪堆里，挖出地道，寻找优质矿脉；有的开凿底层，立即把财宝埋进地里；那些个头儿小又无力气的则待在一旁捡拾其身强力壮的合作者们掉下的渣渣屑屑什么的。有几个新来的想必是饿得不行，在原地就吃上了，但大多数则是想大捞一把，藏于安全之处，以备不时之需。你想，当置身于百里香遍地的原野时，一点新鲜牛粪都见不到，突然来到这里，见到这么大堆大堆的宝物，那真是天赐之物呀，只有有福分的才有这么幸运。因此，它们便把今天这宝贵财富小心谨慎地收藏起来。粪香四溢，方圆一千米都能闻到，粪金龟们闻讯纷纷赶来，抢夺、瓜分这些美味食品，有几个落在后面的又跑又飞地正忙着往前赶哩。

那个生怕到得太晚而向着粪堆一溜儿小跑的是哪一位？它那长长的爪子僵硬笨拙地倒腾着，仿佛其肚腹下面有一个机械在推动着似的；它的那对棕红色小触角大张开来，透着垂涎欲滴的焦急不安。它在拼命地赶，它赶到了，还撞倒了几位食客。它就是圣甲虫，一身墨黑，是粪金龟中个头儿最大又最有名气的一种。古埃及对它尊崇备至，把它视作长生不老的象征。它已入席，与其同桌的食友并肩战斗，其食友们正在用自己宽大的前爪轻轻地拍打粪球，进行最后的加工，或者再往粪球上加上最后一层，然后抽身而去，回家安安心心地享用自己的劳动成果。

圣甲虫头部边缘是个帽子，宽大扁平，上有 6 个细尖齿，排成半圆。这就是它的挖掘和切割工具，是它的叉耙，可以用来撬起和抛撒无养分的植物纤维，把好东西耙在一起积聚起来。挑选食物就是这样进行的，因为对于这些精细的行家来说，什么好什么差它们是十分清楚的。如果圣甲虫是为自己寻找食物的，它们选个差不离儿就行了，但如果是为了自己的孩子考虑的，那它们则会严格挑选、一丝不苟。

为解决自己的食物问题，圣甲虫并不挑剔，粗略地选一选就行了。它用带齿的头盔拱一拱、挑一挑，去除不需要的，然后把其他的归拢一下就得了。两条前腿一起用力地忙乎，其前腿是扁平的，弯成弓形，上有粗壮的纹脉，外侧配备着 5 个硬齿。假如需要用力，推开障碍物，在粪堆中的最厚实的部分清出一条道来，圣甲虫便用肘力，也就是说，用其带齿的前腿左扫右拨，再用齿耙用力一耙，便清出一个半圆形的空地来。场地清好之后，前腿还有另一种工作要做：把顶耙耙到的东西归拢在一起，弄到自己的肚腹下面的后面 4 只爪子之间去。这后面 4 只爪子是生来就是为了做镟①工工作的。这些

---

① 镟（xuàn）：用车床切削或用刀子转着圈地削。

足爪，尤其是那最后的一对，又细又长，微微弯曲成弓形，顶端长有一个很锋利的尖爪。稍许看上一眼就会知道它们酷似圆规，在其弧形支脚之间，环成一种球形，可测量球面、加工球形。它们的功用确实是加工粪球的。

食物一把一把地被耙到肚腹下面的 4 条腿中间，后腿再稍一用力，就把粪球的雏形按腿部曲线给挤压成了。然后，这雏形粪球不时地被 4 条后腿形成的两副圆规摇动、挤压，逐渐变小变实，再由肚腹加工，粪球的形状臻于完善。如果粪球表面层太硬，有剥落的危险，或某一部分纤维太多，无法镦的话，前腿就对不合适的地方进行再加工，它们用宽大的拍子轻轻拍打粪球，把那些不易粘贴的东西拍实在粪球上。

烈日当空，加工工作在紧张地进行之中，你可以看到镦工的活儿干得多么的利索，让你肃然起敬。那活计如此这般地飞快地进行着：一开始是个小弹丸，现在变成了一粒核桃，不一会儿就有苹果一般大小了。我曾见过食量大的圣甲虫竟然镦出一个拳头大小的粪球，这肯定得花好几天的工夫。

储备的食物制作完毕，现在就得撤出混乱的战场，把食物运到合适的地方。这时候圣甲虫最令人惊奇的习性开始展现出来了。圣甲虫迫不及待地上路了：它用两条长后腿搂住粪球，而后腿尖端利爪则插入球体中去，当作旋转轴；它以中间的两条腿作为支撑，而以前腿带护臂甲的齿足作为杠杆，双足轮流着地按压、弓身、低头、翘臀，倒退着运送粪球。后腿是这部机器的主要部件，它们在不停地运作；它们一来一回，变换着足爪，以调整轴心，让负载物保持平衡，并在其一左一右地交替推动之下，把粪球往前滚动。这样一来，粪球表面各点都轮流地接触地面，使之不停地碾压，形状更加完美，而球面硬度因均匀地受压而趋于一致。

使劲儿呀！行了，它滚动了，它一定会被运到家的，当然少不了遇上困难。这一个困难说来就来，但还不算严重，圣甲虫碰到了一个斜坡，沉重的粪球要顺着斜坡滚下去的，但是圣甲虫认准了自己的理儿，偏要横穿这条天然道。这可够大胆儿的，稍一失足，稍踩碰到一点碍事的沙子，就会失去平衡，前功尽弃了。果不其然，它脚下一出溜儿，粪球便滚到沟里去了；圣甲虫被滑落的粪球一带，弄了个仰面朝天，手脚乱蹬乱踢。它终于翻转身来，追赶粪球。它的机器更加卖力地工作起来。该当心点儿了，傻蛋儿，沿着沟底走，既省力又保险。沟底特别平坦，你不用太用力，粪球就能滚动向前的。可是圣甲虫就是不听，偏要再往那个对它来说是不祥之物的斜坡。也许再登高处对它来说是合适的。它小心翼翼地、一步一步地、艰难万分地往上滚动那巨大的粪球。它一直是倒退着在推动，稍一协调不好，便白忙活半天了：粪球滚落下去，把它也连带着摔下去了。然后，它又开始往上爬，不一会儿又摔了下去。它随即又往上爬，这一次走得挺好，艰难路段总算通过了，原来是一个禾本植物的根在作怪，让它摔下去好几次，这一次它谨慎地绕开了这个该死的根。再使一把力就到顶了，但坡陡道艰，稍不慎便前功尽弃。你瞧，脚踩在光滑的卵石上，一滑，粪球和圣甲虫一起连滚带翻地又滑掉下去了。可圣甲虫又开始往上爬，仍旧坚忍不拔，没有什么能使它气馁的，10 次、20 次地试着这老也爬不上去的攀登。最后，它或者是以顽强的意志战胜了千难万险，或者是经过更加缜密的思考，承认自己先前所做的无谓的努力，它选择了平坦的路径，终于如愿以偿，完成了任务。

圣甲虫并非总是单独地运送那珍贵的粪球，它经常要找一位同伴相帮，或者说得更确切一些，是同伴主动跑来帮忙。一般情况下是这么干的：一个圣甲虫制成了粪球之后，便爬出纷乱熙攘的群体，倒退着推动自己的战利品离开工地，最晚赶来的那些圣甲虫有一个在它的身旁，刚开始在制作自己的粪球，突然便放下手中的活计，奔向滚动着的粪球，助那个幸运的拥有者一臂之力，后者似乎很乐意接受这种帮助。这之后，这两个同伴便联手干起活儿来。它俩争先恐后地努力把粪球往安全的地方运去。在工地上是否果真有过协议，双方默许平分这块蛋糕？在一个是甲虫揉制粪球时，另一个是否在挖掘富矿脉以提取原料，添加到共同的财富上去呢？

既无家庭共同体，也无劳动共同体。那么这种表面上的合伙儿存在的理由是什么呢？理由很简单，纯粹是想打劫。那个热心的同伴假借着帮一把手，其实是心怀叵测，一有机会便抢走粪球。把粪粒制成球既累人又要有耐心，如果能抢个现成或者至少强行入席，那可就合算得多了。如果主人没有警惕，帮忙者就可抢了粪球逃之夭夭；如果主人的警惕性很高，那就以自己也出了一份力而二人同席。这一手怎么都可获益，因此抢掠就成了收效最好的一种手段。有的就阴险狡猾地这么去干了，正如我刚才所说的那样；它们兴冲冲地去帮一位同伴，其实后者根本用不着它们帮忙，而且它们装着好心好意，实际上心里暗藏杀机。还有一些圣甲虫，也许更加大胆，更加相信自己的实力，干脆直奔主题，强行抢走他人的粪球。

这种抢劫行径无处不在。一只圣甲虫独自推动着自己通过努力劳动所获得的合法收益安静地离去了。另外一只，也不知是从哪里冒出来的，飞来抢夺，身子重重地落下，把被烟熏了似的翅膀收在鞘翅下面，然后挥起带锯齿的臂甲的背面扇倒粪球的主人，后者正在忙着推动粪球，根本就无招架之力。当受袭者拼命挣扎，重新站稳脚跟时，攻击者已经立于粪球高处，那是击退对手的最有利位置。它把臂甲收回胸前，准备迎敌，以防不测。失窃者围着粪球转来转去，寻找有利的出击点，盗窃者则立于城堡顶上不停地转动，始终面对着失窃者。如果失窃者立起身来攀登，盗窃者便朝前者的背部猛地一击。如果进攻者不改变策略来收回失物的话，那防守者因占据城堡高处，必将一次次地挫败对手的进攻。这时，进攻者企图把城堡及其守卫一并推翻。粪球底部受到摇晃，开始缓缓滚动起来，盗窃者也随着滚动，但它想尽办法始终立于粪球顶上。它做到了，但并非始终如此。它在不停地急速跟着转动，使自己保持平衡。万一脚下一滑，优势没了，那就只好与对手短兵相接，双方身体对身体，胸部对胸部，你顶我撞开来。它们的爪子绞在一起，节肢缠绕、角盔相撞，发出金属锉磨的尖厉之声。然后，把对手掀翻，挣脱开来的那一位便匆忙爬上粪球顶端，抢占有利地形。围困又开始了，忽而抢掠者被包围，忽而被抢者受包围，这全由肉搏时的胜败来决定。抢劫者无疑贼胆包天且敢

于冒险，往往总是占据上风。因此，被抢劫者经过两次失败之后，便失去斗志，明智地回到粪堆去重新制作一个粪球，而那个抢劫得手者非常害怕已解除的险情会重新出现，便赶忙把抢掠来的粪球往自己觉得保险的地方推去。有时候，我还看见有第二个抢劫者突然飞临，抢掠前一个窃贼的赃物。

我称这两个合作者为合伙运送者，它们中一个是强行入伙，而另一个则也许是无可奈何地接受的，生怕会遇到更大的不测，它俩的相逢倒还算和气。合伙者到来之时，物主正一门心思在干自己的活儿；新来者似乎怀着最大的善意，立即投入工作。二人一推一拉，相互配合。物主占着主导位置，担当主角：它从粪球后面往前推，后腿朝上脑袋冲下。那个帮手则在前面，姿势与前者相反，脑袋朝上，带齿的双臂按在粪球上，长长的后腿撑着地。它俩一前一后把粪球夹在当中，粪球就这么滚动着。

它俩的配合并非总是很协调，尤其是帮手背对路径，而物主的视线又被粪球遮挡住的时候。因此，事故频发，摔个大马趴是常有的事，好在它们也泰然处之，摔倒了立即爬起来，仍旧是各就各位、各司其职。即使是在平地上，这种运输方式也是事倍功半的，因为二人的配合无法天衣无缝。其实只要粪球后面的一个圣甲虫干，也照样会干得很快，而且干得更利索。那个帮手虽然差点儿弄得无法运送，但在表现出自己的善良意愿之后，决定稍事休息，当然，它是不会放弃它已视作是自己的财产的那个宝贝粪球的。摸过的粪球就是自己的粪球。但它也不会掉以轻心贸然从事，否则对方会把它给晾在那儿。

它把腿收回到肚腹下面，身子贴在粪球上，与之浑然一体。粪球和这个贴在其表面的帮手在合法主人的推动下一起往前滚动着。粪球在它的身下，随着粪球的滚动，它忽而在上、忽而在下、忽而在左、忽而在右，它毫不在乎。它就是要帮忙帮到底，而且是默默无闻地。这种帮手真少见，让别人用车推着自己，还要得一份儿酬劳！这时，前方遇到一个大斜坡，它只好帮一把手了。行到陡坡上时，它当上了排头兵，只见它用自己那带齿的双臂猛拽住笨重的大粪球，而其同伴，那个物主则在下方拼命抵住，一点点地往上顶着。我看见这两个合伙者，就这样一个在上方拽着，一个在下方顶扛着，配合十分默契地往坡上爬着。如果没有二人的通力合作，光靠一个人是怎么也无法把粪球推上去的。但是，并非所有的人在这一艰难时刻都会表现出同样的热情。有一些圣甲虫在攀爬斜坡这种必须通力合作才行的时刻，似乎根本没有看见有困难要克服似的。当倒霉的西齐弗斯在拼了小命试图越过障碍时，另一位则高高在上，稳坐钓鱼台，与粪球一起滚下，一起滚上。

那么，一切就绪，可以进行下一步了。地窖已挖好，是一个在松土地上挖的洞，通常是在沙地上挖，洞不深，有拳头般大小，有一条细道与外界相通，细道大小正好够让粪球进入。粮食一入地窖，圣甲虫便躲在家里，用藏于角落里的杂物把地窖入口堵住。大门一关，外面根本看不出这里下面有个宴会厅。大功告成，它高兴万分；宴会厅里全都登峰造极！餐桌上摆满了奢华食物；天花板遮挡住当空烈日，只让一丝温馨湿润的热气透进来；心平气静、环境幽暗，外面的蟋蟀合唱声阵阵，这一切都有助于肠胃功能的发挥。我看到光一个粪球几乎就把宴会厅塞满了；这奢华的食物下抵地板上顶天花板。一条狭小的通道把粪球与墙体隔开。食者就在通道上用餐，顶多是两位，经常是独自一人，肚子贴在餐桌上，背顶着墙壁。座位一旦选好，就不再挪动了，然后便放开嘴吃起来，没有一点小的争吵，那样会少吃上一口的；也不挑挑拣拣，否则就会浪费食物。一切都得按先后次序、一丝不苟地穿肠过肚。通过解剖我惊叹地发现它的肠道出奇的长，盘来绕去，使得进入的食物可以慢慢地被吸收，直至最后一个可以利用的颗粒被消化掉为止。因此，食草动物未能吸收的东西，食粪类昆虫的高效蒸馏器却可从中提取一些财富，而这些财富稍加处理，就变成了圣甲虫墨黑的铠甲和其他食粪类昆虫的金黄色的和赤红色的胸甲。

不过，这种令人赞叹不已的垃圾处理工作得在最短的时间内完成，这是环境卫生所限定的，而圣甲虫就具有这种也许其他昆虫所没有的很强的消化

能力。一旦食物进入地窖里，圣甲虫便日夜不停地吃着，直到把食物消灭干净为止。

整个粪球就这么一点一点地依次通过消化道，然后，圣甲虫隐士便爬出地面，寻找机遇，找到后，便再做粪球，一切就又重新开始了。

有一天，天气很热，闷热无风，这种氛围很适合我喂养的圣甲虫们大快朵颐。于是，我手里拿着表，守在一个露天进食者的面前仔细观察着，从早上8点一直盯到晚上8点。这只圣甲虫似乎遇上了一块颇对胃口的食物，整整12个小时，它都没停止过咀嚼，始终待在餐桌前的同一个地点一动不动地吃个没完。晚上8点钟时，我最后看了它一次。只见它的胃口始终未减，那样子像刚开始吃时一样地起劲儿。这宴席还持续了一段时间，直到整个食物全部消灭干净为止。第二天，那只圣甲虫确实没再在那儿了，头一天大嚼个没完的那块食物只剩下点渣渣沫沫了。

时针转了一圈还要多，这么长的一幕就是进餐，狼吞虎咽、精彩至极，而那消化的一幕则更是妙不可言。圣甲虫前头不停地吃，后头则不断地排泄，那已不再含营养成分的排泄物连成一条黑色细线，如同鞋匠的细蜡绳。它是边吃边排泄的，足见其消化之神速。刚一开始咀嚼，它那拔丝机便运转起来，直到最后几口吃完之后，这机器才停止运转。那根细蜡绳从头到尾没有出现断头，始终挂在排泄口上，下面的则已盘成一堆，只要没有干透，则可以轻易展开来成为一条细长绳。

排泄的过程如同秒表一般精确，每隔一分钟，更精确地说是四十五秒，一小节排泄物便出来了，细绳则增长三四毫米。等细绳长到一定程度，我便把它截断，放在刻度尺上量量其长度。我测量的结果，总长度为2.88米。晚上8点，我提着灯最后一次去察看，这之后，圣甲虫又继续宵夜，所以进餐与制绳工作又持续了一段时间，所以圣甲虫拉成的那根没有断头的细长绳总长约为3米。

知道了绳长及其直径，排泄物的体积很容易便能测算出来。而要测出圣

甲虫的精确体积，同样也不难，只要把它放入有水的量筒，查看水位线即可。所获得的数据并非没有意义，这些数据告诉我们，圣甲虫一次连续12个小时的进食竟消化掉几乎与自己的体积相等的食物。这使我不由得想到，这么一座如此高效的清除垃圾的实验室在环境卫生方面是可以起点作用的。

❧ 阅读鉴赏 ❧

本章前半部分是一段序言性的文字，概括了本章的主旨，也涉猎了全书的要义。法布尔不仅仅是一位昆虫学家，同时也是哲学家、社会学家。他把对昆虫世界的体验升华为对人类社会的思考，反思"斯巴达教育"这一人类的历史问题，指出了母性对于人类创造性的重大意义。

❧ 知识拓展 ❧

-蜣 螂-

蜣螂，又叫屎壳郎。明代李时珍著的《本草纲目》中记载它还有"推丸、推车客、黑牛儿、铁甲将军、夜游将军"等好听的名字。李时珍解释说，因为屎壳郎虫能"转丸、弄丸"，俗呼"推车客"，又因为它们"深目高鼻，状如羌胡，背负黑甲，状如武士"，故有"蜣螂将军"之称。

神奇的麻醉师——泥蜂

自然界里有很多种泥蜂，它们长相不一，性格各异，但是它们都是神奇的麻醉师。让我们走进泥蜂的生活吧！看看它们是如何生活与工作的。

节腹泥蜂是一个高明的杀手，被节腹泥蜂杀死的昆虫即使死了几个星期，在最炎热的夏天，它的尸体也不会干化或腐烂，就像活着时一样新鲜，节腹泥蜂是怎么做到的？

我们保存食物时，要用盐浸泡，用烟熏，然后把食物放到密封的铁盒里，这样之后食物仍然可以吃，可是远不如食物新鲜时的质量好。就像沙丁鱼罐头、烟熏鲱鱼、鳕鱼干、冻鱼，这怎么比得上刚送到厨房里时活蹦乱跳的鱼呢？而节腹泥蜂保存食物的方法比我们高明多了，它用肉眼几乎看不见的一小滴毒汁就能立即使它的猎物免于腐烂。远远不止是这样，它不仅使它捕食的昆虫不腐化，还能让它关节弯曲自如，内外器官保持着有生命时一样完整，感觉跟活着没有什么区别，或许只有一种比人类科学所能生产出来的防腐液还要强千百倍的东西才能解开这个奥秘。

我曾经在不采用任何预防措施的情况下，把节腹泥蜂捕捉的吉丁和象虫放在玻璃管或者纸袋里一个多月。经过这么长的时间后，它们的内脏仍然像开始时那么新鲜，解剖时也很容易，跟活的动物没什么两样，这可真是太奇怪了。在这些事实面前，我们无法相信昆虫已经死去，生命应该还在它们身上，只不过不能活动而已。对此我是有事实根据的，我的那些装在玻璃管里的象虫，虽然它们再也不会醒来，但却没有真的死亡，而是出于一种沉睡状态，然而就在它沉睡的第一个星期内，仍有正常的间歇性排便，直到肠子排空了，排便才终止。

　　我把几个刚从地里挖出来的，一动不动的象虫放到一个装有木屑的小瓶里，木屑上浸了几滴苯。我惊奇地看到，15 分钟后，象虫的腿动了动，我还以为它起死回生呢，但是很快便停止了，此后就再不动了。后来，我又将死亡了很长时间的象虫进行试验，也都出现了同样的情况，不过昆虫死亡的时间越久，就越需要较长的时间才能激起它们的动作。我的实验证明象虫并没有彻底死亡，是因为受到伤害而无法活动，它的反应能力在突然遭到麻痹后慢慢消失，与此同时，它的内脏保存完好，可以供节腹泥蜂的幼虫享用。

　　那么，这些象虫是怎么被谋杀的呢？象虫身披坚硬的甲胄，甲胄各处又拼合得十分紧密，节腹泥蜂的毒蜇针是怎么刺进象虫的呢？死于毒针之下的象虫，即使用放大镜也看不出任何谋杀的迹象。面对这个问题，我没有知难而退，开始进行尝试，虽然摸索的过程很漫长，但我终于找到了答案。

　　节腹泥蜂出去捕食没有固定的方向，搜索范围也不明确，但是它往返一次不超过 10 分钟，所以，我觉得它的捕食范围应该不大，就尽量在它的洞穴周围寻找它。但是这些节腹泥蜂飞得太快，一瞬间就不见了，我无法观察跟踪它们。我不得不放弃这种观察的方法。

　　我又想通过象虫来引诱节腹泥蜂。为了能找到活的象虫，我到所有能去的地方寻找，麦田、葡萄园、篱笆、路边，每一处都仔细查看，两天后，终于拥有了 3 只象虫。

　　一次，我看到一只节腹泥蜂像往常一样拖着它的猎物进到了洞里，在它下一次捕猎前，我把一只象虫放在了距离洞口不远的地方。象虫不安分地四处走动，它一旦走远了，我就把它抓回原处。可是，节腹泥蜂从洞口出来，用腿碰碰，转过身来从象虫身上走过几次就飞走了。可能是我在抓象虫时把节腹泥蜂不喜欢的某种气味传到了象虫身上。对于特别挑剔的食客，如果它的食物被别人碰过，它就会反感。我又采取另外一种方法，把一只节腹泥蜂和一只象虫放在同一个瓶子里，然后摇了摇瓶子，试图激起它们的矛盾，但是出乎意料的是，两者的角色互换了，象虫成了进攻者，用它的吻管抓住对方的一只腿，而节腹泥蜂却害怕得几乎连自卫都不敢了。我束手无策，可是越困难反而让我越想知道真相。那么，我只好再想想别的办法了。

我发现节腹泥蜂抱着猎物回来时，会停落在离洞不远处的斜坡底下，然后费力把猎物拖进洞里。我瞄准了那个时机，用镊子夹着猎物的一只腿把它从节腹泥蜂的怀抱里拽了出来，然后立即把一只活象虫扔给它。我成功了。当节腹泥蜂意识到猎物从它肚子底下被抢走时，急得直跺脚。而当它转过身，看到那只活象虫后，一下子扑了过去，用腿搂起它就带走了。但是它很快就发现这猎物是活的，于是一场谋杀拉开了序幕。

节腹泥蜂抱着它的象虫，面对面，它用强大的大颚用力夹住象虫的吻管，而当象虫被迫直立起身子时，节腹泥蜂则用前爪使劲压着它的背，使它的腹部关节微微张开。这时，我看到凶手用腹部紧贴象虫的肚子底下，然后弓起身子，用毒针在象虫的第一对腿和第二对腿之间的前胸关节处使劲儿蜇了两三下。瞬间，象虫就不动了，然后，节腹泥蜂就把象虫的尸体背朝地反过来，跟他肚子贴着肚子，用腿一左一右地紧紧抱住尸体飞走了。为了进行更深层次的检查，我每次都把节腹泥蜂自己捕获的猎物归还给它，然后把我的象虫拿出来检查，可是象虫身上一点被毒针蜇过的伤痕也没有，也没有流出一点血。

这个杀手太高明了。我们人类打猎是靠猎枪，捕到的猎物总是鲜血淋漓、伤痕累累。节腹泥蜂对猎物比人类要挑剔无数倍，它要求猎物完好无损，保持好的形态和色泽，没有裂开的伤口和丑陋的死相。它的猎物也果然像活的一样新鲜，不失口感。

我们再来看看黄翅飞蝗泥蜂。7月底，一直守护着卵的黄翅飞蝗泥蜂，从地下摇篮中飞了出来。整个8月，黄翅飞蝗泥蜂在罗兰蓟那带刺茎的枝头上飞来飞去，寻找蜜汁。但是对黄翅飞蝗泥蜂来说，这种无忧无虑的生活非常短暂，进入9月后，它就要开始进行辛苦的挖掘和狩猎工作了。

它们喜欢把家安在阳光普照的水平场地，不会采取任何措施来遮挡它的住所，如果在它掘地工程进行的过程中突然下了一场暴雨，那它就惨了；因为到了第二天，还没建完的地道就会被沙土堵塞，凌乱不堪，最终它只得放弃。

黄翅飞蝗泥蜂喜欢在平坦的地方群居。但它们的建筑所也不总是平坦如砥，有的地方凸出，生长着一簇草皮或者蒿属植物；有的地方则有皱褶，被植物的细根死死地板结起来。飞蝗泥蜂的家就安在这些皱褶的侧面上。

通常情况下，黄翅飞蝗泥蜂是不会独自施工的，而是10只、20只甚至更多的伙伴们一起对选定的场所进行开发。你如果了解这些勤劳矿工们那忙碌的工作、灵敏的跳跃、迅疾的动作，就必须连续几天紧盯着这样的村落。矿工们用它们那被称为"犹如利刃"的前腿，像耙子一样快速地挖着土。即使是一只小狗也不会像它们那样兴致勃勃地耙地。与此同时，每个工人都欢快地唱着歌，歌声十分尖利，时断时续，时而随着双翅和胸腔的振动而抑扬顿挫，就好像一群欢乐工作的伙伴们用歌声来互相鼓劲一样。

名师指导
写出了黄翅飞蝗泥蜂欢乐劳作的场景。

工地上尘土飞扬，细碎的尘埃落在了它们轻轻抖动的羽翼上，大一些的沙砾则被它们滚到了离工地较远的地方。当遇到大块的不好耙的沙砾时，黄翅飞蝗泥蜂就使出一股猛劲儿，发出一声高亢的叫声，仿佛伐木工人在挥动斧头时喊出的"嗨哟"声。工人们腿颚并用，加倍努力，很快就挖好了一个能容身的小洞。接下来，它开始一会儿挖土，一会儿把挖出来的泥土扒到身后去。在这两项急促的交替运动中，飞蝗泥蜂不是一步步往前走，而是像被弹簧弹出去似的往前冲；它蹦蹦跳跳，腹部微微抽动，触角也一颤一颤的，全身都震得发响。

现在，矿工完全进到了地下，离开了我们的视线，可还能听见它那不知疲倦的歌声，偶尔还能看见它把沙土推到洞口的后腿。飞蝗泥蜂有时也会停歇一会儿，或者飞到阳光下抖掉身上的尘土，以免关节上灰土太多影响灵活性，或者到四周巡视一番。

它中止工作的时间不会很长，因此虽然它时有停歇，也会在不出几个小时内就挖好洞穴。那时，黄翅飞蝗泥蜂会在洞口高唱凯歌，并对工程作最后的修整，刮刮不平的地方，弄掉几颗几乎只有它们才注意到的微小土粒。

在我所看到的许多黄翅飞蝗泥蜂群中，有一种给我的印象最深刻。养路工人在挖路面一侧的小沟时，把挖出来的湿润的泥土堆在一条大路旁。这些土堆中有 1.5 米高的锥形土堆，湿土已被太阳晒干。飞蝗泥蜂十分钟情于这个地方，在这里建了一个村落，那是我所见过的居民最多的村落。整个土堆，从下到上，洞穴密布，从表面看去就像一块大海绵。生活在这个大海绵上的居民，忙得热火朝天，它们忙忙碌碌、你来我往，会让人不禁联想到某个正在施工的工地。洞一挖好，黄翅飞蝗泥蜂就开始捕猎了，现在，这种昆虫外出捕猎了，我们趁机好好欣赏欣赏它的住所吧。

洞穴的入口处先是一个水平的门厅，是储存食物和孵育幼虫的地方。天气不好时，黄翅飞蝗泥蜂就藏在门厅里。夜间，这是它的藏身所；白天，这是它的休息室，走过门厅就是一个急转弯，坡度较缓，向下延伸至两三法寸[①]处。弯道坡度的尽头是一个椭圆形的蜂房，直径较长，这条水平线就是最长的轴线。

蜂房墙壁没有涂抹任何东西；尽管家徒四壁，却仍能看出它们在建筑时是十分认真的。这儿的沙土都被压得很坚实，地板、天花板、墙壁也都经过仔细修整，轻易不会坍塌，也不会因表面过于粗糙而伤害幼虫稚嫩的表皮。这个蜂房与过道相通的入口十分狭窄，勉强能容黄翅飞蝗泥蜂与猎物一起

---

① 1 法寸为 72 点，即 1 点 =0.3759 毫米。

通过。

黄翅飞蝗泥蜂会在第一个蜂房内产下一个卵，同时储备下充足的食物，然后就封住入口，当然，它并不是要抛弃这个家，而是在第一个蜂房旁再挖第二个洞，然后同样产卵备食，紧接着再挖第三个甚至第四个。

到了这时候，黄翅飞蝗泥蜂才把堆在洞口的残屑都搬回洞里，把洞外留下的痕迹全都销毁。一个洞穴一般有三个蜂房，也有两个蜂房的，但不常见，四个蜂房的就更不常见了。可是根据对黄翅飞蝗泥蜂的尸体解剖可知，它的卵有30个，这就需要十个蜂窝。然而，它们在9月才开始筑巢，在月底就要结束，所以建造一个蜂窝和准备食物的时间最多才两三天。在如此短暂的时间内，勤劳的昆虫要挖好洞穴，捕猎12只蟋蟀，还要把猎物千辛万苦地运回来放进仓库，最后还要封住洞口，简直是分秒不停啊！况且，如果遇上刮风的天气或者阴雨连绵的日子，就无法捕猎，甚至什么都干不了。因此不难想象，黄翅飞蝗泥蜂的房子没有可以继承的遗产，只能白手起家、事必躬亲，而且要迅速干完。它建住所就像搭帐篷一样匆忙，好像用完一天，第二天就要收起来似的。为了弥补这方面的不足，住在那覆盖着一层薄沙土的住所里的幼虫们，穿上了三四层防水外套，这可是它们的独创，连它们的母亲都创造不出来。

一只狩猎的黄翅飞蝗泥蜂嗡嗡叫着回来了，它用大颚咬着一只蟋蟀的触角，在与住所一沟之隔的灌木丛上停了下来。那蟋蟀比它要肥胖笨重几倍，它咬着这重物累得筋疲力尽，歇息片刻后，又用腿夹住俘虏，奋力一跃，飞过沟壑，重重地降落在我眼前的这个飞蝗泥蜂村落中。

剩下的路程它完全步行。虽然我就坐在一旁，可这只泥蜂却毫不畏惧。它横跨在猎物身上，咬住猎物的触角，昂首挺胸，大踏步地向前走去。如果地面十分平坦，它拖运起来就很容易；但如果遇到草木的盘根错节，它突然被绊住，便会束手无策地惊呆在那里，那样子有趣极了；它往前走走，向后退退，绞尽脑汁，最终依靠翅膀的力量才巧妙地绕了过去，战胜了困难。这情景真是妙趣横生啊！

　　它终于把蟋蟀拖到目的地了，它的触角已经到达蜂巢洞口。这时，飞蝗泥蜂放下猎物，急忙进到洞里。几秒钟后，它又回来了，探出头，欢快地尖叫一声，一把抓起脚下的蟋蟀的触角，迅速拖到了巢穴深处。

　　节腹泥蜂的捕猎对象几乎没有进攻性武器，在争斗中处于被动地位，甚至连逃脱都很难，它们身上的坚甲是唯一可以防身的武器，可是凶杀者对坚甲的致命点了如指掌。然而，这里的情况却有着天壤之别！黄翅飞蝗泥蜂的捕猎对象长着凶狠的大颚，这大颚一旦咬住猎手，就能将它碎尸万段；同时，它的两条腿粗壮有力，上面布满了两排尖锐锋利的锯齿，它们完全可以依靠双腿的弹跳逃之夭夭，或者袭击对手，把黄翅飞蝗泥蜂狠狠地踢翻在地。所以你们会看到，飞蝗泥蜂在用蜇针蜇刺之前，采取了十分小心谨慎的预防措施。被害者仰面朝天倒在地上，无法依靠后腿的力量逃跑了，而假如它处在正常的姿势下遭到攻击，就一定会逃走，像象虫在遭受节腹泥蜂攻击时那样。它那带锯齿的大腿被黄翅飞蝗泥蜂的前足死死地压住，丧失了攻击性；它的双颚被飞蝗泥蜂的后腿远远地支开并顶住，虽然张得很大，态势逼人，却无法对敌人构成任何威胁。但是对于黄翅飞蝗泥蜂来说，只做这些是远远不够的，这不能保证它一定能躲开猎物的进攻，它还需要死死地勒住猎物，使它一动不能动，以便蜇针能把毒汁准确地注入适当的部位；也许黄翅飞蝗泥蜂就是为了勒住蟋蟀，才咬住它腹部末端的肉。太神奇了，我们即使调动所有的想象力去制订一份进攻计划，也找不到比这更好的办法，就算是古代角斗场上的角斗士，在与对手搏击时所采用的方法，也不一定比像这样经过深思熟虑的更精妙。

　　捕猎工作结束了。一个蜂房储备了三四只蟋蟀作为食物。蟋蟀堆放得井井有条，全部都是背朝下，头部位于蜂房的尽头处，脚在洞口。它们在每只蟋蟀身上产下了一只卵。最后要做的就是封住洞口，它们把挖洞时堆在洞口的沙土堆快速地往后一扫，填充到通道里。飞蝗泥蜂总是用前腿扒开残土堆，把大个的沙砾挑拣出来，然后用大颚叼走，用以加固易碎的洞壁。如果它在触手可及的地方找不到合适的沙砾，就会到附近的其他地方去找，它挑选得十分认真，就像泥瓦匠在挑选建筑材料似的。植物的残枝断根、枯枝败叶在这个时候都发挥作用了。不一会儿，地洞的痕迹就从地面上消失了，如果不留心做个标记，怎么仔细地寻找也找不到这个地下住所。这个洞封好以后，它们开始挖下一个，挖好后放上食物，把它封起来；输卵管里有多少卵，它们就挖多少个。卵产完以后，飞蝗泥蜂又开始快乐无忧地四处游荡了，直至初冬乍冷时，它充实的一生才结束。

幼虫的第一份粮食，就是产有虫卵的那只蟋蟀。幼虫在吃完了最后一只蟋蟀后，就开始忙着织茧了，并且只需 48 小时就大功告成了。此后，这位工人完全沉浸在了任何人也无法侵入的万无一失的隐蔽所内，经历着它生命中必须经历的那种深深的麻木状态，度过这种半睡半醒、半生不死的日子，经过 10 个月的脱胎换骨才破茧而出。

9 个月过去了，在此期间，茧内的工作都是秘密进行的。我不知道幼虫的变态是如何进行的，因此只能越过这个阶段等待成蛹的阶段，于是我从 9 月末一直等到第二年的 7 月初。这时，幼虫刚把褪了色的皮蜕掉；蛹是个过渡阶段，也可以说它是一个已完成变态但尚在襁褓中的昆虫，正在安静地等待着一个月后的苏醒。它的腿、触角、嘴和那没有长成的翅膀，就像液态的水晶一样光亮剔透，并有规则地摊在胸部和腹部下面。它身体的其余部分呈现出浊白色，就是白色中带着一些淡淡的黄色；腹部中间的四个节段，每边都有狭窄而圆钝的伸出部分。最后一节末端上，有类似于圆扇面的膨胀叠片，下面有两个并排着的锥形乳突，这一切组成了一个分布在腹部周围的附属器官。这就是那个柔弱的生物的特征，它为了蜕变成黄翅飞蝗泥蜂，必须穿着半黑半红的服装，然后再把紧紧包裹着它的薄皮蜕掉。

蛹的状态持续了 24 天，在此之后，一个终于发育完全的昆虫出现了。它撕开束缚它的茧，打开一条通道，穿过沙土，在某个清晨出现在阳光之下。

虽然阳光对它来说是十分陌生的，但它并没有被照得头昏眼花。黄翅飞蝗泥蜂沐浴在阳光下，梳刷着触角和翅膀，用腿抚摸着腹部，像猫似的，用前跗节蘸着口水洗了洗眼睛，梳洗完毕，兴高采烈地飞走了。它的生命足足有两个月呢。

阅读鉴赏

本章介绍了法布尔观察的两种泥蜂，其中有懂得高明麻醉术的节腹泥蜂；捕捉比自己大很多倍猎物的黄翅飞蝗泥蜂。法布尔观察细致，语言生动，文中很多场面描写充满趣味，比如在描写黄翅飞蝗泥蜂筑巢时"工人们腿颚并用，加倍努力，很快就挖好了一个能容身的小洞……飞蝗泥蜂不是一步步往前走，而是像被弹簧弹出去似的往前冲；它蹦蹦跳跳，腹部微微抽动，触角也一颤一颤的，全身都震得发响。"

知识拓展

-膜翅目-

膜翅目是昆虫纲中的一个目。膜翅目昆虫体微小至中型；头大，复眼发达，具变形的咀嚼式口器；中胸发达，前胸退化，腹部第一节并入胸部；翅两对，膜质；雌虫有发达的产卵器，有时变为锯、钻或刺器；完全变态；幼虫有头或无头，无足或有足；蛹为裸蛹，居于以丝或牛皮纸状物质织成的茧中；植食性或寄生性，也有肉食性的；部分种类营合群生活，是昆虫中最进化的类群。膜翅目已知种类超过14万种，如蜜蜂、熊蜂、胡蜂和蚂蚁等都是熟知的种类，也有危害农作物的小麦叶蜂、梨实蜂等。

敏捷的猎手——狼蛛

狼蛛是一种剧毒的蜘蛛，生性凶猛，身手敏捷，多居住于洞穴中。它们是怎么抓捕猎物的？它们的洞穴是什么样的？它们又是如何繁衍后代的呢？看看下面你就知道了。

为了了解狼蛛的住所，我选择了纳博讷狼蛛为我的观察对象。它把地点选在咖里哥宇常绿矮灌木丛中。那里土地荒芜，有很多卵石，很适合百里香生长。狼蛛的住所是一个差不多十几厘米深的洞穴，和瓶颈一样宽，只要在挖洞时没有遇到阻碍，这个洞就是垂直的。如果遇到小石头，狼蛛就会把它取出来，扔到洞外边；如果遇到一块搬不动的大卵石，它就会使洞道拐弯；如果遇到多处障碍，最后它就会建造出一个带石拱门的洞穴，洞穴里面弯弯曲曲的，一段宽一段窄，就好像我们见到的大街连着小巷的情景。

狼蛛凭借长期养成的习惯，知道在洞里哪个地方要拐弯，也知道洞有多少层，不会觉得有什么不方便。假如上面有什么动静，或者引起它注意的声音，狼蛛就会从弯曲的洞里迅速爬上来，速度就像是爬直井一样。假如它发现的是不好对付的猎物，它就需要把它引进危险的地方再杀掉，这个时候，这个弯曲的洞就有很大用处了。

一般情况下，洞的底部很宽阔，好像一个大厢房，它是蜘蛛沉思的地方，也是它吃饱喝足之后休息的场所。狼蛛的洞壁涂抹了一层丝浆，这层丝浆能防止风化的泥土落下来，而且能使凹凸不平的地方变平滑。狼蛛是一种很会精打细算的蜘蛛，它的丝浆主要涂抹在与出口相邻的洞顶，这是因为它的丝并不多。洞口的四周有一圈垒起的高低不平的护栏，它的材料是细石子、碎木块儿和附近的干草叶。狼蛛将这些材料混在一起，然后用丝固定住。

在白天，如果四周很安静，狼蛛就会长时间趴在洞口，它的目的有两个：

一是为了晒太阳，二是为了等待路过的猎物。有必要的话，它会在这里一动不动地待上几个小时，陶醉在温暖的阳光里，因为这是它最大的幸福。有时，它也会突然跳起，一把抓住路过的猎物。洞壁上纵横交错地分布着防护丝网，这让它的小爪子在任何方向都有可抓的地方。

一只狼蛛成年后，一旦定居下来，就会成为隐居者。我和一只狼蛛在一起已经生活了三年，在这三年里，它被我安顿在实验室窗台上的大罐子里，我每天都能看见它，可是，它很少出来。它经常待在离洞口不远的地方，只要一听到细微的声音，它就迅速爬回洞里了。根据以上情况我可以判定，在野外环境中，狼蛛肯定不会到远处寻找建筑材料，然后整修它的护栏，而是在附近取材，利用家门口能找到的材料来整修护栏。如果真的是这样的话，它很快就会用完石子，最后会因为没有材料而停工。

我想知道如果狼蛛能够得到源源不断的材料，它究竟会把护栏建得多高。我选择实验室里的狼蛛为实验对象，并且亲自当它的材料供应商，这件事是很容易办到的。

首先，我准备了一个深十几厘米、装满含有大量碎石子的黏性红土的大罐子，这里的土质与狼蛛经常出没地方的土质一样。然后，我在土里加入适量的水，把它和成泥团，最后把泥一层一层堆在一根与狼蛛挖的洞一样粗的芦竹四周。当泥土堆满芦竹外面的时候，我把芦竹拔出来，这时候泥里就会留下一口垂直的井，一个用来代替狼蛛自己挖的洞穴就建成了。我再在附近走一趟，找一只狼蛛把它放进去就可以了。

我用小铲子从洞里挖了一只狼蛛，它刚刚被移到新家里，就很喜欢这个房子，不再出来了，也不去寻找更好的住所了。我在泥土的上方罩上金属网纱，防止它逃跑，这样我们就可以不必时时严密监视它了。蜘蛛对新家满心喜欢，一点儿也没有表示出对以前的家的留恋之情，甚至没有逃跑的意思。

对于我给它建造的房子，它没有进行太多的修改，最多只是扔出一些土块，我猜它可能是在洞底给自己建一间休息室。扔出的土块渐渐多了起来，它把洞口围起来建成了护栏。

我给它准备的材料比它自己找到的材料要好，而且数量也多。我准备的材料中，首先有打地基用的光滑小石头，其中有的像杏仁那么大；其次还有掺在砾石堆里的酒椰短纤维，这种纤维容易弯曲，能代替狼蛛经常使用的细胚茎和禾本科植物的枯叶；最后我还准备了剪成的约3厘米的粗毛线，这些东西是它们从来没有见过、从来没有听说过的宝贝。

一晃时间过去两个月了，狼蛛使用的材料大大超出了我的想象。在洞口四周的斜坡上，狼蛛断断续续地用平滑的石子铺成了石板，丢掉不用的都是一些搬不动的巨大的石头。

一座塔立在砾石堆上，这是一座用酒椰纤维和随便捡到的毛线盖成的塔，毛线是红、蓝、黄和绿色混在一起的，这证明狼蛛对色彩没有偏好。

这个建筑物的外形就像一个套筒，大概有6厘米那么高。狼蛛用丝把一块块材料粘在一起，整个看起来就好像一块粗布。虽然它不是完美的，还有一些材料漏在外边，但是这个建筑物仍有它的优点，鸟巢里的鸟也不见得会比它干得漂亮。不管谁看见了罐子里的一座座彩色建筑物，都认为是我的手工艺品，但当我告诉他们作品的真正作者时，他们都很吃惊，没有一个人想到是狼蛛建造出来的建筑。

在这个时候，有人就会说了，自由的狼蛛在野外的时候，怎么造不出这么豪华的建筑呢？原因我曾经说过，那是因为狼蛛不是很喜欢出门，不愿去远处寻找材料，只喜欢利用身边有限的东西，比如小土块、碎石子、细枝条，所以它造出来的建筑物通常都很简陋。

这个试验证明，在有充足材料的情况下，特别是有那些防止坍塌的纺织材料时，狼蛛还是很喜欢建高塔的。它们懂得建塔的方法，只要条件允许的话，它们就会把塔建得很高。

在8月酷热难耐的时候，在狼蛛的洞穴门口，我不时看见一些狼蛛在为自己的洞穴建造一个屋顶，这个屋顶和四周的地面很像，很难区分开。难道这是为了遮挡阳光吗？很值得怀疑。过了几天后，阳光强烈，天气依然很热，这个屋顶却被挖了一个洞，蜘蛛重新出现在门口，舒服地享受着盛夏火一般的阳光。

很快就到了 9 月，这个时节多雨，狼蛛的屋顶可以挡雨，它们似乎早就考虑到了防雨的措施。但是，有许多次狼蛛偏偏在下雨的时候弄破屋顶，让住所的门开得大大的。所以，我猜想可能只有家里发生重大事件的时候，比如雌狼蛛产卵，狼蛛才盖上盖子。我确实看见一些还没有做母亲的雌狼蛛把自己关在洞里，等过一段时间再次出现时，身后已经带有一个卵袋了。所以，我想它们关门是为了在织卵袋的时候更加安静。可是，我也曾经见过狼蛛在洞穴里产卵的时候不关门，还见过无家可归的狼蛛在露天织丝袋并把卵装进去。总的来说，不管天气怎么变化，是炎热还是寒冷，是干燥还是潮湿，它们都会关闭洞口，所以现在我还没有办法弄清楚它们真正的目的是什么。

虽然我没有弄明白其中的秘密，但是封盖每天照样打开、关上，有的时候甚至一天来回开关很多次。封盖上面是泥土，下面有丝网兜着，所以封盖是软的。住在洞里的狼蛛一顶，网盖就会被顶破，而且不会塌下来。随着顶盖一次又一次地被顶破，顶盖上的泥土落在洞口的边缘，碎土和石砾就会越堆越高，就变成了洞口的石栏杆，狼蛛再利用空闲时间一点一点地把它们加高，最后就变成了洞口的堡垒。这个堡垒就来源于这个临时的封盖，洞口的小塔就是天花板上的泥土落下来堆积成的。

10 月是各种动物安家的时候，这时我们会看到两种类型的狼蛛洞穴。它们的大小不同，最大和瓶颈一样粗，这种洞属于老妇人，它们住在这里至少已经有两年的时间了，最小的洞穴仅和粗铅笔一样粗，这种洞里住着年轻母亲。这些新手的洞穴，经过长时间的逐渐修改后，也会变得和前辈的洞穴一样豪华宽敞。这两种洞穴里的女主人都有自己的孩子，只不过有的孩子已经出生了，有的还在母亲的卵袋里。

它们的洞穴不论大小，都得自己挖掘，那么这时我们就会问：它们挖掘的工具在哪里呢？我们首先想到的是它的足和爪。可是，仔细想一想就会明白，它的足和爪很长，空间这么狭窄，在这里是很难使用的。挖洞需要的是能插进土堆，并且能使土块崩裂的尖头工具。这时我们看到只有狼蛛的螯牙具有这样的功能，但是，我们又会犹豫，这么细的螯牙，能用它去干这种活吗？这就好比拿着手术刀去挖井一样。

这两个螯牙闲着的时候是什么样的？它的螯牙是锋利弯曲的，就像弯曲的手指一样，藏在两根好像大柱子的大颚后边。这个道理就像猫为了保持爪子的锋利，将它藏在肉垫里一样，狼蛛也是为了保护带毒的匕首，将它们折起来藏在两根大柱子后边。

就算狼蛛的螯牙是进行艰苦挖掘工作的工具，可我们不能看到它在地下的挖掘活动，没法知道它具体用了哪些工具。可是，只要我们有一点儿耐心，就可以看见它们运泥屑上来。这项工程主要是在晚上进行的，时间较长，不过，只要我们坚持观察，在大清早的时候，总会碰上它们运泥屑从地下爬上来的时候。

但是，我们看到的与我们期待的恰恰相反，它的足根本没有用来运输东西，而是它的螯牙像一辆独轮车一样，叼着一个泥团，触须在底下托着。只见狼蛛小心地爬下堡垒，爬出一段距离后才放下泥团，然后迅速地钻进洞里，重复上面的动作，直到把洞里的废物运完为止。

我观察到了很多次这样的工作，知道狼蛛的螯牙不怕黏土和砾石，它们先把土挖掘出来，然后揉成团，最后叼住运到洞外。狼蛛使用螯牙挖掘和运土，但是我们不要忘记，它的螯牙是割断猎物喉咙的武器，能够保持在挖掘中不变钝，以后依然能用来割断猎物的喉咙，这螯牙该多么坚硬啊！

洞穴的装修和扩建工程中间会隔很长时间。洞穴外面的护栏要经过很长时间才会返修加高一点，对于住所的加宽和加深，经历的时间则会更长。通常情况下，一个洞穴好几个月都会一直保持原样。到了冬末，特别是3月，狼蛛想把自己的住所扩大一些，那么，这个时候就是考验它的时候了。

对于蟋蟀来说，让它迫不及待地想建造住所的季节是很短暂的，这个季节一旦过去，它就意外丧失了建造住所的本能，成为了没有住处的游民，从此露宿在外。那么狼蛛也会这样吗？

对于这个问题，我做了如下实验。我选择的对象依然是咖里哥宇灌木丛里的狼蛛。当天我从田野里捉回来一只狼蛛，放进用纱罩罩着的洞穴里，在这里我给它们准备了合适的泥土。首先我用芦竹造了一个洞，洞的大小与它被取出的那个洞一样。把狼蛛放进去之后，它立刻表现出对新房子的满意，它把我造的洞当成了自己的合法财产，几乎没有去修葺。随着时间的推移，唯一的变化就是洞口围起了一座堡垒，洞穴顶上用丝加固。住在这里的狼蛛的行为，与自然界中的狼蛛的行为没有什么区别。

可是，我们还想知道失去住所的狼蛛会怎么办？我把狼蛛放在泥土表面，没有预先给它造好一个洞穴，我想它会给自己挖一个住所，它有这种能力，并且充满了活力。我为它准备了与它老家一样的泥土，我希望不久之后看到一口井，这口井是狼蛛以自己的方式挖掘成的，而且住在里面。

但是，它很令我失望。几个星期过去了，狼蛛什么也没有干，那只狼蛛因为没有隐藏的地方，看起来很是绝望。我给它猎物，它几乎没有注意，甚至不屑一顾，白白放过了从它身边经过的蝗虫。它绝食，它苦恼，它慢慢地使自己衰竭，直到最后死亡。

可怜的狼蛛啊，你应该重新从事你的矿工职业，你既然有这种本领，那就重新再造一座房子好了。你的一生还很长，生活多么美好，你本应该好好地活下去。在这个气候宜人的季节里，你本应该挖坑和掘土，然后钻进地下，这才是你的出路。然而，你却什么也不干，偏偏要等死，这是为什么呀？

是你已经忘记了过去的技艺吗？是你坚持不懈挖洞的年龄已经过去了吗？还是你低下的智力无法回忆起经历过的事情，再做一遍以前做过的事超出了你的能力吗？看着你一副沉思的样子，竟然解决不了重新建房的问题，我很是困惑。下面，我将去请教年轻的狼蛛啦！

现在，我研究的对象是几只比较年轻、正值挖掘期的狼蛛。在大约2月底的时候，我挖了6只有老蜘蛛一半大的年轻狼蛛。它们的洞像一根小指一般粗，洞口四周散布着一些新鲜的泥土，这表明是最近刚刚挖出来的。

我把它们关在纱罩下面，狼蛛会怎么做呢？这完全取决于我是不是为它们挖好了洞穴。我把它们分成两部分，其中一部分我给它们提供了刚挖一点的井，它只有两三厘米深。有了这个半成品，狼蛛没考虑就继续它们在田间的工作了。在夜里，它们不停地挖，我是根据洞口有很多抛出的大堆泥土判断出来的。终于，它们有一个满意的新家，它的上边也有一个堡垒。

而对于另一部分狼蛛，我没有按照天然洞穴的样子给它们造一个垂直的洞穴。在这里的狼蛛们坚决不干活，即使我给它们提供了丰富的猎物，最后它们还是死了。

我发现，对于昆虫来讲，做完了的事就是完了，绝不会再去重复。昆虫的行为方式就像手表的指针一样不能倒转，它的意识支配着它只能朝一个方向走，而且是向前的，绝对不允许倒退，就算出了意外需要返工也是不行的。

即使在第一个家被毁坏后，它们也无法再重建第二个家，只好去流浪，或者闯进某个邻居家。如果它不是最强大的，就会有被吃掉的危险，但是即便如此，它也不会再去建造一个新家了。

在找到固定的住处以前，狼蛛喜欢主动抓捕猎物，但当它定居下来后，就会改变方法，等待猎物上门。每天，我都能看见狼蛛们顶着酷暑，慢慢地爬到洞口趴着。这个时候的它们姿势优美，表情严肃。

趴在洞口的狼蛛肚子在洞里，头在外边，面无表情的注视前方。它的爪子收拢，随时准备跃起，逮住路过的猎物。时间一小时一小时地过去，它们却一动不动地等待着，在这个时候，它们可是痛快地晒足了太阳。

我为它们提供了蝗虫、蜻蜓和其他的猎物。如果有一只适合它口味的猎物经过，它们就会像箭一样从小塔里窜出来，先在猎物的脖子上刺一刀，然后把它活活掐死，最后带着猎物爬上洞口的堡垒。这时它的速度是非常快的，你会禁不住发出惊叹：真是一只敏捷的猎手啊！

它是很少失手的，因为只有当猎物在它埋伏的范围内时，它才会出击。例如猎物在远远的地方，狼蛛就不会去理睬它，更不会去追击，而是让猎物自由自在地游荡。它只在有成功的把握时才会下手，它是靠计谋猎取食物的。

捕猎时，狼蛛会隐藏在洞口，等待猎物走过来。它紧盯猎物，当猎物进入伏击圈的时候，它就会突然跳起，百击百中。在这个时候，无论那冒失的猎物是长着翅膀还是跑得飞快，最后都会丧命。

狼蛛要想得到猎物，必须具备很好的耐心。在它的洞穴里没有可以作为诱饵的猎物，顶多也就是可以歇歇脚的凸出城堡或许能引来一些疲劳的过路客。狼蛛坚信猎物今天不来，明天、后天或者更迟的某一天，它一定会到来的。在咖里哥宇灌木丛里到处都是活蹦乱跳的蝗虫，这些蝗虫不怎么会辨别方向，总会有一天被幸运的狼蛛逮住。假设蝗虫来到狼蛛洞穴边，狼蛛就会马上从围墙上跳下来，扑向猎物，所以它必须时刻保持警惕，等待那一刻的到来，只有等到那一刻，它才会有食物吃。所以说，要坚信面包最终是会有的。

狼蛛坚持等待，它不担心长时间的饥饿，这是因为它有一个能伸能缩的胃。它的胃可以今天吃得很饱，然后长时间不吃东西。我曾经就一连好几天忘记给它们食物，但它们并没有体力不支。等到我给它们食物的时候，它们不会因为节食而不去吃东西，相反会猛吃东西。它们一直都是狼吞虎咽①地大吃大喝，为的是今天吃饱，明天不饿。

我们再看看年纪轻轻的狼蛛在没有洞穴的时候是怎么谋生的吧！成年狼蛛穿着灰色的服装，穿着黑丝围裙，而年轻的狼蛛穿着相似的服装，却没有黑丝围裙，它们只有到了生育年龄才穿。在稀疏的草地上，年轻的狼蛛到处流浪，这个时候才是它真正围猎的时候。当合适的猎物出现时，它就立刻追过去，从洞里把隐藏的猎物驱赶出来，这个时候，它会紧追不放，当被追赶

---

① 狼吞虎咽：形容吃东西又猛又急的样子。

的猎物跑到高处想要起飞，但还没有起飞的时候，狼蛛就会向上一跃把它逮住。

我们再一起来看看那些刚出生的最年轻的狼蛛的表现。对于这些身体还未发胖变重的年轻狼蛛，为了便于观察，我为它们提供了苍蝇。它们在捕捉苍蝇的时候，动作之快，令我感到很惊讶。即使苍蝇逃到五六厘米高的草上，它也是逃不掉的，狼蛛只要纵身一跃，腾空而起，就会将猎物抓住。我个人认为，猫捉老鼠的动作也不会比它快多少。但是需要强调的是，年轻狼蛛的敏捷动作，在它挺着装满卵和丝的大肚子的时候，就没法再做了。这个时候狼蛛就会为自己挖一个固定的住所，也就是一个狩猎的隐蔽地方，好让自己可以在小塔的顶上伺机抓捕过路的猎物。

狼蛛的卵放在身上一个用丝织成的袋子里，那个袋子是她们的宝贝，不管到哪里，她们都会带着卵袋。平时，狼蛛喜欢趴在洞口晒太阳，没有带卵袋的狼蛛晒太阳是为了自己，那个时候，它们上半身露在井口的外边，下半身却留在井里。而拖着卵袋的蜘蛛晒太阳却是为了孩子，所以它们上半身留在井里，下半身露在上面。它用后爪支撑，使装满生命种子的白色小球能保持在洞口外，还慢慢地转动小球，以使每一面都能均匀地被阳光照到。只要天气温度足够高的话，狼蛛的这种姿势就能保持半天的时间。在以后三四个星期的时间内，它们一直保持这份耐心，保持同样的姿势，每天都进行日光浴。

在9月刚开始的时候，封闭了一段时间的卵，就要破壳而出了，这个时候，小球的中间出现了一条裂纹。很快，一窝小狼蛛从袋子里一下子冒了出来，并马上爬到了母亲的背上。小狼蛛密密麻麻地拥挤在一起，有的时候叠成了两三层，雌狼蛛的背几乎被它们全部覆盖起来了。在接下来七个月的时间里，雌狼蛛将不管黑夜还是白天都驮着它的孩子。

这群小家伙是很乖的，谁也不会乱动，也不和邻居吵架。它们相互交织，像一件粗布褂盖在母狼蛛身上，下面的母亲几乎看不见了。看到它我们不禁怀疑，这到底是一只什么动物啊？是一个毛线团，还是附在狼蛛身上的孩子呀？如果不仔细看，我们是不易分辨出来的。

这条由小蜘蛛铺成的毯子盖在背上，还没有平稳到不会从背上掉下来的程度。当母亲从洞穴里爬到洞口让它们晒太阳的时候，只要稍微碰到洞壁，就会有一部分孩子从背上掉下来。但是，这样的事故并不会引起很严重的后果，雌狼蛛可没有一般母亲常有的担忧。掉下来的孩子很坚强，一声也不吭，自己爬起来后掸掸身上的土，抓住母亲的腿，用最快的速度向上爬，很快就回到母亲的背上，一会儿，那条由小狼蛛组成的盖毯就又恢复了原样。

狼蛛无论是对自己的孩子还是别人的孩子，都是一样的。我用画笔去扫背在狼蛛身上的孩子，把它们扫落到另一只背上布满狼蛛的雌狼蛛身边。那些被扫下的小狼蛛掸掸身上的土，非常迅速地跑过去，抓住另一个母亲的腿，迅速地攀登，最后爬上了那位和蔼的母亲背上。那位和蔼的母亲安静地让它们爬上去，这些小狼蛛爬进这群小狼蛛中，有的时候背上的小狼蛛已很厚了，它们就向前边爬，经过那位母亲的前胸，甚至爬到头上，仅给这位母亲留下两只眼睛。这样做是为了保证大家的安全。它们不能把母亲弄成独眼龙，对于这一点，它们是很明白的。除了爪子以外，母狼蛛还必须保证行动自由，除了身体下面因为怕蹭到小狼蛛而没有小狼蛛以外，身体的其他部位则被小狼蛛组成的毯子所覆盖。

在这种超载的情况下，第三只狼蛛身上的孩子又被我用画笔扫到那个母亲身上，然而，这群孩子也被接受了。现在，这个母亲背上更拥挤了，它们一层压着一层，但是，大家都有自己的位置。这时的狼蛛根本没有人知道它是谁，人们看见的只是一只带刺的移动的东西。

在狼蛛背上生活的七个月中，狼蛛怎么喂养自己的孩子呢？它捕捉到猎物的时候，会不会请孩子们用餐呢？刚开始我以为会，而且想亲眼看看它们的家庭聚餐。于是，我特别注意观察正在用餐的那些母亲，一般情况下，它们是在洞穴用餐，目的是躲开监视，但有的时候也会在露天的家门口用餐。

只见一位母亲嚼了嚼食物，直到榨干汁水。当它吞咽下去的时候，孩子们没有离开母亲的背，也没有一个离开自己的位置，更没有一个露出想下去分享食物的表情。母亲也没有表现出请孩子们来吃东西的样子，更没有特地为它们留一点儿。我们真的很不理解，当雌狼蛛大吃大喝的时候，孩子们表现得如此平静，难道它们不需要吃东西吗？

在这七个月中，它们依靠什么生活呢？也许大家都认为它们靠吸食母体分泌物，就好像寄生虫一样吸食寄主身上的营养，最后把它榨干。

朋友们，放弃这种想法吧，这是因为我从没有看到小狼蛛把嘴靠在母亲的皮肤上，也没有发现母狼蛛被榨干和衰弱的迹象。度过了养育期，母狼蛛和以前没有任何的区别，只是胖了一些，而且吸足了营养为下一次生育做好了准备。等到来年的夏天，又会有那么一大群孩子降生了。

这时我们不禁还要问，小狼蛛到底靠什么维持生活呢？我先肯定不是来自储存在卵内的营养物质，这种特殊的物质应该节省下来去生产一种非常重要的物质——丝，所以应该是其他物质维持着这些小生命的活动。

假如小狼蛛一动不动，对于它们完全不吃东西的现象，我们也许会理解，因为不动就不需要消耗能量了。可是，尽管小狼蛛在母亲背上习惯安静地待着，但是它们在不停地活动，并且动作很敏捷。从现实来看，对它们来说，完全不动是根本不可能的。

让我们仔细看看小狼蛛吧，我们会发现，它们从出生到离开妈妈这段时间，根本没有长大。小狼蛛出生的时候多大，七个月后，它还是多大，体型大小没有变化。它们不长大，就不需要多余的物质，可是它们需要运动，不吸收能量就没力气。那这些能量从哪里来呢？

虽然在母亲背上的七个月里，它们什么食物也没有吃过，但是仍然能够灵活地爬上爬下，这是因为在白天太阳最好的时候，母亲会把卵袋放在太阳下晾晒，让小狼蛛可以直接靠光和热恢复体力，这个动作从卵袋还挂在母亲身上的时候就开始了。这日光浴唤醒了新生命，直到现在，还在继续维持幼嫩的新生儿的活力。

在天气晴朗的时候，每天雌狼蛛都会从洞穴下面背着孩子爬上来，然后在洞口边趴着，一晒就是几个小时。这个时候，小狼蛛就会打哈欠和伸懒腰。它们得到了充足的热量，储存足够的动力，就会变得活力四射。

小狼蛛待着一动不动，可是这个时候我只要对着它们吹一口气，它们便会站立不稳，左右摇晃，这对于它们来说，就好像吹了一阵狂风。它们一旦被吹散，就马上聚拢。这就可以说明这个小动物虽然没有吃东西，却是能够运动的。每天天暗下来的时候，母亲才会把吸饱了阳光的孩子带回洞穴里。这样的事一直到小狼蛛能够独立自主，自己开始吃饭，才会结束。

几个月后，小狼蛛该离开了，在一个太阳高照的晌午，它们开始出发了。雌狼蛛背着孩子从洞穴里爬出来，在洞口的护栏上蹲着，对于孩子的离开，它不鼓励，也不挽留，一切听其自然。

厌倦了阳光的小狼蛛，就这样离开了母亲。它们一会儿离开一批，一会儿又离开一批。在我的实验桌上，这些小蜘蛛飞快地走了一阵后，就带着饱满的热情，开始在网纱上攀登。这些小家伙们穿过网眼，爬到了圆圆的顶上，就在高处待着。它们这种奇怪的做法到底有什么意义呢？我真是想不出来。

还是罩子顶上那个竖直的圆环给了我答案。小狼蛛肯定认为它是健身房的横架，所以才都往那里跑。它们先是在圆环的中间拉了几条丝线，然后又在圆环和附近的网纱之间拉上了几条。它们在丝上走过来走过去，就像是在练习走钢丝一样。为这个时候，我才想到了，它们是想到达比那个圆顶更高的地方。

我在网罩上立了一根树枝，使高度增加了一倍。一群摇摇摆摆的小狼蛛，急急忙忙地爬到树枝最高的地方，拉了几根悬丝。丝的另一头在系着周围的物体上，看起来就像是几座吊桥。小家伙们急不可待地爬上了吊桥，在上面走来走去，它们还想爬得更高些吧？那好，我会满足你们的。

我把一根3米长的芦竹接在了细树枝上，许多小狼蛛沿芦竹向上爬，到了最高处，从那里拉下更长的丝来。这些丝有的飘荡在半空，有的像桥一样系在周围的东西上。这些小狼蛛像走钢丝的演员一样站在桥上，在微风中慢慢晃动。背光时，丝线就看不见了，只能看见在空中跳舞的一行小飞虫。

突然，在顶上固定着的丝被风扯断了，丝飘到了空中。现在，吊在丝线上的移民要出发了。它们在顺风的情况下，会在很远的地方停下。依据气温和太阳光照的变化情况，这些小狼蛛会在一两个星期之内，组成不同的小组先后出发。它们谁也不想在天气不好的情况下出发，它们喜欢阳光，因为阳光给了它们生机和活力。

阅读鉴赏

法布尔观察狼蛛可谓细致入微，从狼蛛如何建造住所可以看出狼蛛对住所的要求不是很高，它造出来的建筑物都很简陋；从狼蛛如何捕捉猎手可以看出狼蛛非常有耐心，它可以一动不动几个小时等待猎物上门，一旦猎物出现，其敏捷的身手往往能一招致命；从狼蛛如何抚育幼儿来看，狼蛛是一个慈祥的母亲，任孩子在自己身上胡闹，对别人家的孩子也一视同仁。

知识拓展

-砾 石-

砾石由暴露在地表的岩石经过风化作用而成；常沉积在山麓和山前地带；或由于岩石被水侵蚀破碎后，经河流冲刷沉积后产生。按平均粒径大小，又可把砾石细分为巨砾、粗砾和细砾三种：平均粒径 1~10 毫米的，称细砾；10~100 毫米的，称粗砾；大于 100 毫米的，称巨砾。

高明的纺织工——圆网蛛

圆网蛛是生活中最常见的一种蜘蛛，它们天生具备高超的织网本领，经常在各个角落里张网捕捉飞虫。它们是如何结网的？它们的网为什么能粘住飞虫？不用眼睛看，它们如何能够知道猎物落网了呢？一起来看看吧。

圆网蛛是最常见的一种蜘蛛，它通常在傍晚时候，在檐前、墙角等处张网，捕食昆虫。假如有耐心去研究圆网蛛的网，我们会发现与人类的捕鸟网相比，它的网更加高明。圆网蛛因为吃的需要而具有的巧妙捕猎法，在各类蜘蛛中当属第一。我相信读者读了下面的讲述一定会和我有相同的感受。

我们首先必须亲眼看看结网的情况，看它是怎么施工的。为此我们必须要看很多遍，因为这是一个很复杂的建筑物的施工说明书，只能一段一段地去阅读。今天观看一个细节，明天再观看一个细节，观看的次数多了，我们就会得到意想不到的结果，这样现有的知识就会越来越丰富。

在荒石园里面，我选择了最有名的几种圆网蛛，观察了其中的6种，它们是彩带圆网蛛、圆网丝蛛、角形圆网蛛、苍白圆网蛛、冠冕圆网蛛和漏斗圆网蛛。它们有很大的身材，全部都是才能出众的纺织姑娘。

对这6种圆网蛛，没有必要一个一个讲述它们各自的工作步骤。依据它们各自提供的资料，我就在这里对它们的共同点进行综述：这6种蜘蛛的工作方法相同，织出的网也相似。

小圆网蛛不算很肥壮，与秋末冬初相比相差很远，它蓄丝的肚子和梨的种子一样大。我们可不要因为它们个头小，就小看它们的织网能力。其实它们的才能并不是随年龄的增长而增加的，发育成熟的老蜘蛛虽然肥大，但是织网的能力还不如小的呢。

在7月快要结束的时候，太阳下山前的两个小时，小圆网蛛开始工作了。

它没有明确的目标，就开始从迷迭香的枝丫一端跑到另一端，从丝袋里用后步足的梳毛拉出一根丝固定在上边。它热情饱满，一再爬上爬下，似乎在随意地走动，在分散的各点用多道丝加固，做出了一个没有头绪的大框架。

圆网蛛织网是很专业的，它会设计网的总体布局，然后建造出整体框架，虽然这个框架不是很规则，但这正是圆网蛛所需要的。这个框架正是圆网蛛施展才华的地方，它会把网有条理地织到上面去。这框架就是它可以自由通行的空间，这才是它想要的。

框架存在的时间不会太长，因为猎物在一夜之间就能把它全部毁掉，所以每个傍晚小圆网珠都要仔细地整修一遍。相比之下，成年圆网蛛的网要结实得多，它们的网是由较结实的丝织成，保持的时间要长。

蛛网的第一个部件，是一根特别的丝。这根细长的丝随意划出来，连接在两棵植物之间，与任何可能阻碍到它的树枝隔开一定的距离。一个大白点在长丝的中央，这是将来蛛网的中心，是圆网蛛在看起来纷乱的丝线中有条理的工作的基点。

现在，纺织蛛网的时刻终于来临了。圆网蛛把长丝中央的大白点作为出发点，开始织网。它通过那根横穿的丝桥，很快到达围绕着空地的不规则的框架。然后它使劲一跃，从周边回到中心，又开始来回爬动，从左到右，从上到下；它爬起，下落，又爬起，又下落。每爬一次，它就会留下一条连接中心的大白点和四周的丝，这种丝叫"辐射丝"。它一会儿去这里，一会儿又去那里，在我们看来，圆网蛛在织捕虫网的时候是杂乱无章的。

对于圆网蛛随心所欲的织网，我们必须有坚持不懈的精神去认真观察，才能最终看得清楚明白。圆网蛛通过一条铺好的辐射丝到达大框架上，把丝固定好，然后按原路回到中心。

这样工作拉出的丝，与从周边到中心点的距离的线相比，要长得多。当它回到中心后，就会调整线的长度，拉出长度适合的线，然后固定好，最后把拉出的多余的线聚集在中心点上。它每拉出一根辐射丝，就会对多余的丝线做这样的处理，所以最后基点会越来越大，由最初的一个点，慢慢形成一个线团，有时甚至形成一个有一定面积的小坐垫。

它们刚开始织网的时候好像是没有头绪的，但最后大功告成的时候，我们就会发现，它织的网其实是很有规律、非常合理的。它们把辐射丝按照先后顺序织出来，一根接着一根，挨得越来越近。

网的所有辐射丝的距离相等，形成了一个太阳形状的图案。不同圆网蛛的辐射丝数量不同，有 21 根辐射丝的蛛网属于角形蛛，有 32 根辐射丝的蛛网属于彩带蛛，有 42 根辐射丝的蛛网属于丝蛛。这些辐射丝的数量虽然不是绝对不变的，但是变化很小。

辐射丝铺好后，圆网蛛悠闲地蹲在最开始的中心点上，坐在那个由多余的丝缠成的小坐垫上休息。现在，它们正在忙一件细心的工作：以中心点为起点，拉出一根很细的丝线，绕着辐射丝一圈圈地编织很密的螺旋丝。

圆网蛛在编织螺旋丝的时候，螺旋丝是逐渐变粗的，第一根几乎看不见，第二根就可以看得很清楚。圆网蛛斜着爬，稍微转了几圈，就离开了中心点，它在爬过的辐射丝上把拉出的丝固定好，最后爬到框架的下边。这时，它织出了一个螺旋圈，这个圈的宽度是逐渐增加的，圈和圈之间的平均距离是 1 厘米，就连幼年圆网蛛的网也是这样的。

看到螺旋这个字眼，我们不禁会想到一条曲线，但是圆网蛛的网不是曲线，而是直线和直线的组合。这种线是临时的，随着真正的捕虫网的形成，这些线必定会消失。所以，我们称这种线为"辅助螺旋丝"。圆网蛛使用螺旋丝，一是为了编织横的梯子，为以后到更远的地方织网做准备，二是为了指导自己进行接下来的精密操作。

接下来，就要开始编织捕虫丝网了。圆网蛛紧紧抓住辐射丝和辅助螺旋丝，先朝与螺旋丝相反的方向离开中心，然后再爬向中心。它每爬完一次，圈子就会更密一些，圈子的数量就会更多一些。

圆网蛛是通过两条后步足纺织的，圆网蛛的后步足分为内足和外足。什么是内足，什么是外足呢？我们可以根据它们在纺织时的位置来划分，圆网蛛走路的时候，朝向绕线中心的那只步足叫内足，朝向绕线外面的那只步足叫做外足。

在编织捕虫网的时候，外足先从纺丝器中拉出细丝，然后递给内足，内足再把细丝放在身后的辐射丝上。与此同时，外足还有一个作用，就是丈量距离。只见圆网蛛用外足把丝线和辐射丝连接的那个点拉到身下，内足把丝线放到辐射线上，依靠它的黏性固定到辐射丝上。整个过程中的动作是非常快的。

当用来捕虫的丝线和辅助螺旋丝相互离得很近时，辅助螺旋丝就完成了它们的使命，应该消失了。在这个时候，圆网蛛就会开始工作，把没有用的丝线收起来，团成一个小球，放到下一根辐射丝的连接点上。随着工作的进行，蛛网就会留下一个个小丝粒，看到这些丝粒，我们就会想到消失的螺旋丝曾经经过的路线。螺旋丝被毁掉后剩下的只有这些点了，如果不是这些丝点分布得很有规律，我们肯定以为是灰尘的颗粒呢！

最后，在离中心点有一定距离的地方，圆网蛛忽然停止了纺织螺旋圈，而剩下的丝还能转好几圈呢。过一会儿，它突然扑向中心的小坐垫，然后拉出丝来，把坐垫卷成小球。你一定以为它是想把丝扔了吧？

这是完全不可能的，因为它本性节约，所以它不会那么浪费。它把这个成为一团丝球的小坐垫吃了下去，丝垫可能被它吞到丝库里，放到胃里去溶解。它吃下的是啃不动的东西，光凭胃是很难消化的，可是它实在很宝贵，丢了真的很可惜。如果圆网蛛吞掉了小坐垫，那么织网工作就彻底结束了，这时，圆网蛛就会在网的中心坐稳，低下头，摆出一副捕猎的姿势。

圆网蛛的螺旋形丝网十分奇妙。只要我们稍稍注意一下就可以发现，用来捕虫的丝与组成网子外框的丝不一样。在太阳的照耀下，它们都闪烁着光芒。我没法拿着放大镜直接观察捕虫网，因为只要有微风吹过，网就开始不停地颤动，所以我只好在网下放一块玻璃片，取下了一些打算要研究的蛛丝，平整地摊在玻璃上，接着利用放大镜和显微镜进行仔细的观察。

眼前的情景使我惊呆了，这些丝的末端是一圈圈结构紧密的螺旋形蛛丝，中间是空的，就好像是非常非常细的管子。这些管子里装满了像溶化了的阿拉伯树胶一样的黏液，黏液从蛛丝的一头流出来，是半透明的。我将细丝放在显微镜的载物台上并且用玻璃片将它压上，这时我看到蛛丝的中间有一条暗线，这其实是空腔。透过弯曲的管状丝的管壁，丝里面的黏液慢慢地渗出来，这样，整个网就都有了黏性，并且黏度高得惊人。我拿一根细麦秸轻轻地碰了一下丝，即使碰得特别轻，麦秸还是马上就被粘住了。我抬高了麦秸，就把丝粘过来了，长度几乎是原来的两倍，最后因为扯得太紧，蛛丝弹了回去，变成原来的样子，并没有断。原来，当丝被拉长时，螺旋形丝卷就会被伸直，收缩时就又卷曲为原状。黏液最后渗透到蛛丝表面，这样丝就具有了黏性。

总而言之，这螺旋丝是一种像头发一样细的细管，这在物理学中是前所未有的。它的螺旋形结构使它具有弹性，这样，就算猎物挣扎也不会拉断蛛丝。丝管里充满黏液，不断向外渗出。因为蛛丝表面露在空气中太久，会减弱自身的黏力，黏液的作用就是恢复蛛丝的黏力。这种结构真是太绝妙了！

圆网蛛捕猎时不是在普通的网上，而是在这充满黏胶的网上。这种黏胶十分奇怪，任何东西碰上都会被粘住，包括蒲公英的毛轻轻飞过时都跑不掉。为什么圆网蛛成天和它在一起，却从来不会被粘住呢？

首先，圆网蛛的捕虫网中心有一处特殊的区域，这片区域离蛛网中心有一段距离，这里是没有黏黏的螺旋丝的。在整个蛛网中，这片中心区差不多和手掌心一样大。如果用麦秸试着碰一下就会发现，中心区的任何地方都不会将麦秸粘住。

圆网蛛在这片中心区休息，耐心地等待猎物，几天几夜也不会离开。尽管它在这里留的时间很久，可是它从来不会被粘住，这是因为中心区是由辐射丝和辅助螺旋丝构成的，它们都没有黏性，只是普通的实心直线丝。所以，猎物都是在蛛网的边缘部分被粘住。

当圆网蛛发现猎物后，会跑过去把它捆起来，使它不再挣扎。可是我发现，圆网蛛在外部的网上走没有一点困难，圆网蛛的脚并没有把黏黏的丝提起来。这是怎么回事呢？

记得小时候，我们每到星期四都会跑去田地里捉金翅雀。我们在摸涂满黏胶的细竹竿之前，都要先在手指上抹几滴油，这样手就不会被粘住了。难道说，圆网蛛也知道这个方法吗？

我先把麦秸抹上油，然后用它去碰螺旋丝。我发现麦秸没有被粘住，想必这就是答案。我又把一只活圆网蛛的步足从它身上摘下来，放在麦秸上，用它去碰黏黏的丝，这只步足一点儿都没有被粘住，就像不是放在黏性丝上一样。其实我早就应该想到，圆网蛛无论在什么情况下都不会被粘住。

我接着又做了一个实验，结果却完全不同。我先把这只步足放到硫化钠溶液中泡了一会儿，因为硫化钠溶液可以溶解掉油脂。接着我拿了一支干净画笔，洗干净这只步足。洗好后的步足就和别的东西，比如没有涂过油的麦秸一样了。我把它放在黏黏的网上，结果，这只步足被丝紧紧地粘在一起了。所以，我觉得圆网蛛身上肯定有一种类似油脂的东西，才没有被黏性螺旋丝粘住。可是，如果蜘蛛长时间待在黏丝上，跟丝接触的时间太长，还是容易被黏住。蜘蛛只有时刻保持身手敏捷，才能在猎物跑掉之前冲过去，所以，蜘蛛长时间待的中心区，是没有一点黏性的。

圆网蛛会在这个中心地长时间等待着，一动不动。它伸开它的8只脚，时刻注意着蛛网的晃动。假如它逮到了猎物，一般先将猎物捆绑结实，然后咬几下，接着就把猎物拖到网的中央区，在这个没有黏性的地方慢慢享用自己的美味。看来，这个没有黏性丝的区域是圆网蛛为自己准备的休息室和餐厅。

后来，我又做了另外一个实验。我把收集来的黏性丝放在少量的水里浸泡，发现过了24小时以后，蛛丝里面的黏胶就消失了，蛛丝成了几乎看不见的细线。这时，我将水滴在玻璃片上，就得到了一种类似于胶水的东西。看

来，蛛丝的黏胶对湿度非常敏感，如果在潮湿的环境里，它会大量吸水，然后，从丝管里渗透出来。

发育成熟的圆网蛛会在天没亮时就开始织网。假如有大雾，它就会暂时停下没有完成的工程，但是并不会停止建造蛛网总的框架，也会继续织出辐射丝和辅助螺旋丝，因为水汽不会损坏这些零件。可是，它们却从不会在大雾天编织黏胶网，因为丝上的黏胶被雾弄湿就会失去黏性。如果第二天天气很好，蜘蛛会在第二天夜里把没织完的网完成。

除此之外，它也有很高的生产热情。据我了解，每次角形圆网蛛编织新网，就要产出 20 米的黏性丝。丝蛛更多，生产出 30 米。我的邻居——一只角形圆网蛛，在两个月的时间里，每个晚上都在辛苦地编织它的捕虫网，在这期间它一共生产出 1000 多米黏性的螺旋形蛛丝。

我观察过 6 种蜘蛛。我发现，即使在烈日下也会始终如一地待在网上的蜘蛛只有两种：彩带蛛和丝蛛。其他蜘蛛一般情况下只在夜里才会出现在网上。在离蛛网不远的灌木丛中，有几片叶子上挂着蛛网，那是它们的埋伏地。白天，它们会在那里静止不动，全神贯注地埋伏着。

强烈的太阳光虽然会使蜘蛛感到不舒服，可是却带给了田野许多欢乐。因为这时的蝗虫比其他时候跳得更欢，蜻蜓也比其他时候飞得低。假如有哪个冒失鬼被蛛网粘住了，远在别处的蜘蛛能及时知道这个意外收获吗？不要担心这一点，它会立刻赶过来的。可是它是怎样知道这一消息的呢？让我来告诉大家吧。

与亲眼看到猎物比起来，它对蛛网的颤动更警觉。对这一点，我会用一个简单的实验来证实。在彩带蛛的黏胶网上，我放上了一只死了的蝗虫。我将死蝗虫放在离驻守在网中心的蜘蛛很近的地方，无论蝗虫怎么放，最开始时蜘蛛都没有任何的动静，哪怕蝗虫被摆在离它不远的地方，它也一动不动。它对猎物没有任何的反应，好像根本就没觉察到什么。我终于等不及了，就用长麦秸轻轻地触碰这只死蝗虫。这下子，彩带蛛和丝蛛飞快地跑过来，其

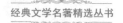

他蜘蛛也从树叶中跑出来，一起朝蝗虫奔去。它们像对待活的猎物一样，将蝗虫用丝仔细地捆起来。由此可见，蛛网的振动才能使蜘蛛发起进攻。

不过，也许是由于蝗虫颜色发灰，看不清楚，不能引起蝗虫注意的原因吧。接着，我又用红色做实验，因为蜘蛛喜欢的野味都穿着红色外衣，所以我就用红毛线做了一个小诱饵，一个像蝗虫一样的东西，然后粘在了蛛网上。

我的计策成功了。只要这个红色的东西不动，蜘蛛就没反应，可是当我用麦秸触碰这个东西的时候，蜘蛛就会立刻跑过来。有些头脑简单的小东西用脚碰碰这个红色的玩意儿，像对待其他猎物一样，先用丝将这个奇怪的东西捆绑起来，甚至按照习惯先让猎物中毒，它还咬一咬这个东西。直到这时它才发觉自己上当了，于是悻悻地走开了。当我把蛛网上的奇怪东西扔掉很久之后，当初的受骗者才会回来。

可是有一些蜘蛛却很狡猾。它们和其他蜘蛛一样，快速向红毛线诱饵跑过来，但是它们只是用触肢和步足先探一探，一旦发现这是一个没有任何价值的东西，便会节约它们的丝不去白费功夫了。颤动的诱饵没有欺骗成功，经过快速检查之后它们就放弃了。

但是，无论是狡猾的还是头脑简单的，毕竟所有蜘蛛都从远处、从自己的埋伏地跑过来了。它们是通过什么来获取消息呢？当然，肯定不是依靠视觉。因为在自己发现错误之前，它们都会用脚去碰碰这个东西，或者说还要咬一咬。没有生命的东西当然不会使蛛网颤动，所以即使在只有一巴掌近的距离，蜘蛛也会视而不见。何况，一般情况下，蜘蛛都是在漆黑的夜里捕捉猎物，即使它有再好的视力也没有用。

不依靠眼睛的话，怎样才能从远处发现猎物呢？它一定要有一个能远距离传递信息的东西，也许找到这个东西并不困难。我随便找一只在白天躲在埋伏地的圆网蛛，从它编织的蛛网后面认真观察，发现它从网的中心拉出来一根丝，一直拉到它白天待的隐蔽处。这根丝只跟中心点连接，跟蛛网的其他部分没有关系，跟框架也没有一处交叉。角形蛛高高地藏在树上，这根丝线长度是 2~3 米。

毫无疑问，这根丝线是圆网蛛行走的桥梁。如果有紧急事情，圆网蛛会迅速到达蛛网，检查完后，它又会快速地返回埋伏处。我们看到的这座丝桥难道仅仅就是蜘蛛来回行走的路吗？肯定不是。如果只是想在埋伏地和蛛网之间修建一条快速通道，只要把丝桥搭在蛛网的边缘就可以了，这样距离会更近，路也更好走。

为什么要以蛛网的中心作为这根丝线的起点，而不是选在其他地方呢？其实，因为这个中心点是所有辐射丝的交汇点，蛛网上任何一个地方产生的震动都可以传到这里来，所以只要有一根从这个中心点拉出来的线，无论猎物在网上的哪个地方挣扎，消息都会立刻传送出去。很显然，这根丝不仅仅是一座桥梁，它更是一个报警器、一根信号线。

还是让我们看看实验的是怎么进行吧。我将一只蝗虫放在了网上，被粘住的蝗虫立刻死命地挣扎起来。圆网蛛很兴奋地跑出隐蔽处，从丝桥上下来，朝蝗虫飞奔过来，先将猎物捆绑起来，然后麻醉，接着又用一根丝将蝗虫固定在纺丝器上，拖到自己的住所，美美地大吃起来。一直到现在都没有任何新情况出现，事情的经过和过去一样。

我先是让圆网蛛自己忙活，不过只过了几天，我就又来插手了。这一次我给它准备的东西还是一只蝗虫，不同的是这一次我用剪刀剪断了它的信号线。除此之外，我没有碰任何的东西。我把猎物放在了网上，蝗虫拼命想要挣脱，网颤动得厉害，可是圆网蛛却一直静止不动。看来，我成功了。

也许有人会认为，圆网蛛之所以会一动不动地待在那里是因为桥梁断了，它没有办法跑过来。醒醒吧，因为可以通到网上的路有上百来条，是很方便圆网蛛行走的。可是到最后，圆网蛛任何路都不行走，它只是专心地待在家里不动。

这究竟是为什么？这都是因为它的电话线坏了，它没有收到蛛网颤动的消息。它看不见正在挣扎的猎物，因为距离太远。时间很快过去了一个小时，

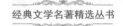

蝗虫一直在挣扎，而圆网蛛一直一动不动，我却一直在一旁仔细观察着它们。

圆网蛛终于发现有点儿不对劲了。因为我把它脚下的信号线剪断了，所以它感觉出这线绷得不是很紧，就赶过来了解到底是怎么一回事儿。它很快踩着框架上的一根丝，非常容易地就来到了网中。它很快就发现了蝗虫，于是立刻把它捆绑起来。接着，它又重新搭建信号线，代替了刚才被我剪断的那一根。之后，圆网蛛沿着这条路顺利地将猎物运回了家。

为了观察圆网蛛捕猎的过程，我在黏胶网上放了一只亲自捕捉的猎物，黏胶网把它的八只脚全部粘住了。它每一次抬起或者缩回爪子，都会牵动那灵敏的丝，丝会被稍微地拉长，但不会被拉断也不会让猎物跑掉。即使猎物把一只脚挣脱出来，另外的脚也会被更紧地粘住，况且，不久后这只脚又会被重新粘住。除了用力把捕虫网蹬破这个办法外，它是没有别的方法逃脱的，可这就连强壮有力的昆虫也不容易办到的。

圆网蛛得到了信息，立刻跑了过来，围着猎物转着圈地远距离侦察着，它要把进攻前的危险程度弄清楚。圆网蛛的捕捉方法，会根据捕获猎物力气的大小来确定。我先用尺蠖蛾或衣蛾做实验，它们的个头都不大。

圆网蛛把肚子微微地收缩了一下，用纺织器的尖儿碰了碰面前的俘虏，随后用爪子把猎物旋转起来。它敏捷的动作比笼中转轮上的松鼠还要优美和快速。看着它的转动，也是一种享受呢！

它这样转动的原因是什么呢？因为圆网蛛需要把丝缠绕在猎物身上，像裹尸布一样把它紧紧地包裹住，不让它有反抗的力量。当它将猎物捆绑好后，无论是弱小的还是强壮的，都服服帖帖了，它便开始实施使敌人难逃一死的战术。它先轻轻地咬一咬不能动弹的猎物，留下一个并不明显的伤口，然后离开猎物，静静等待，过一会再回来。

假如捕捉到的是衣蛾之类的小猎物，它就会在原地将小东西吃掉。假如捕捉到个头比较大的猎物，为了避免被网粘住，它会把美餐拖到自己的餐厅，一点一点地来吃，甚至有时候会吃上好几天。

被绑得结结实实的猎物离开黏胶网之后，就被圆网蛛用一根丝挂在身后。它被圆网蛛拖着穿过捕虫区，到达位于蛛网中心的休息区，接着就被挂在那里。如果圆网蛛不喜欢阳光并且有电报线，它就会利用这根线将俘虏拖到自己的隐蔽处。

圆网蛛在享受着美味，而我却在思考刚才它为什么对猎物轻轻地蜇咬。圆网蛛将猎物先咬死，是不是怕猎物在它用餐的时候乱动，作出反抗呢？

我对此表示怀疑，并且有自己的理由。第一，圆网蛛的蜇咬并不凶狠，更像一般的接吻；第二，圆网蛛会咬任一处地方，但只要是高明的杀手就会明白，攻击对方的脖子、喉咙或者伤害神经中枢更加有效。这些知识，圆网蛛好像并不懂。它只是随意地把钩子插进去，就像蜜蜂随便哪里都蜇一样。因此，无论圆网蛛咬到哪里，猎物都会死去的原因一定是它的毒汁非常厉害，毒性很强。但我相信那些有抗毒性的昆虫不会立刻死去。

还有，圆网蛛不是靠吃肉为生的，它是通过吸食猎物的汁液来获取营养的。它难道会喜欢一具干巴巴的尸体吗？没有死去的动物血还在流动，圆网蛛吸食起来难道不比身体已经僵硬的死猎物要方便一些吗？所以我觉得，那些被圆网蛛咬过的昆虫可能没有立刻死掉。要证明这一点，其实并不难。

我将各种昆虫放在蛛网上，圆网蛛得知消息后，立刻跑来，将猎物捆绑结实，轻轻咬一咬便离开了。它要等待被咬过的昆虫发生变化。我将蝗虫从蛛网拿下，小心翼翼地把包裹在蝗虫身上的蛛丝去掉。我惊讶地发现蝗虫没有死。我用放大镜仔细地在它身上寻找着微小的伤口，可是我没有任何的发现。

是不是它没有受到伤害呢？我确实想这样认为，因为这个家伙在我手上剧烈地挣扎。但是，它被我放到地上后，却走得很不灵便，不能跳。可能是被捆绑在网上过度惊吓所产生的短暂的后遗症吧。可是事情的发展果真如此吗？

我把蝗虫用玻璃罩罩住，我想它吃点生菜也许能减轻痛苦。时间过去了一天，它的后遗症依然存在。直到第二天，蝗虫还是没有触碰生菜，显然，它没有了食欲。现在，它的动作也很迟缓，好像渐渐麻木了一样。就在第二天，蝗虫死掉了，真的死掉了。

猎物不是被圆网蛛的轻咬杀死的，它们是身中剧毒，全身无力而死。事情变得很明白了，圆网蛛给猎物注射毒液，在猎物完全死掉、血液凝固之前，有充足的时间去吸食猎物的汁液。

昆虫是那么害怕这些圆网蛛，我却一点也不怕，还是照常摆弄它们。因为我的皮肤根本不怕它们咬。对我来说，荨麻的细毛要比圆网蛛的毒液可怕许多。不同的机体碰到相同的毒汁会有不同的效果，能让昆虫失去生命的东西对我们来说可能无害。不过，这个话可不能胡乱套用，如果我们跟另外一种捕捉昆虫的好手——狼蛛触碰，我们可能就得付出惨痛的代价了。

我以前见过一次圆网蛛就餐，很有趣。大概是下午3点钟，一只圆网蛛刚刚捕获一只蝗虫，美美地在网中心的休息区就餐。蝗虫的一个腿关节被圆网蛛一口咬住，然后圆网蛛就再也没有其他的动作，甚至连嘴都一动不动。它只是死死地咬着，双颚没有动，也没有吃吃停停，样子好像在长吻。

我隔一会儿就去看圆网蛛的嘴有没有改变位置。最后一次是在晚上9点，我发现它的嘴还是在原来的地方。6个小时的时间，它一直吮吸着蝗虫的大腿部分，猎物的汁液悄悄地被这个大肚子家伙吸食了。

第二天一早，我看见圆网蛛还在吸食。蝗虫被我从它嘴边拿开时，我发现，虽然这只蝗虫样子没什么变化，却只剩下了一张空壳。它身上好几个地方有窟窿，全身的汁液都被吸光了。很显然，圆网蛛在夜里改变了用餐手法。它将蝗虫坚硬的外壳戳开，为的是吸食不流动的内脏和肌肉。圆网蛛将猎物这里戳一下，那里捅一下，或者放在四肢间撕来撕去。最后，吃饱喝足的圆网蛛就扔掉剩下的那团残渣。那只蝗虫要是不被我提前取下，它的最后结局就是这样的。

在蜇咬猎物时，圆网蛛总是很随意地咬一个地方。对它而言，虽然猎物种类不同，可是这是最有效的办法。圆网蛛不管碰到什么，无论是蝴蝶还是蜻蜓、苍蝇、胡蜂、金龟子、蝗虫，它都一概使用这个方法。它才不管是大个子还是小身子，是软和的还是有外壳的，是会走的还是会飞的，它全部都吃，因为它是杂食动物。它几乎什么都吃，如果条件允许的话，它连同类也不放过。

❧ 阅读鉴赏 ❧

本章主要讲述了法布尔的荒石园中的圆网蛛如何织网，如何通过蛛网感知危险和如何利用蛛网抓捕猎物。圆网蛛织网有着杰出的才华，它会设计网的总体布局，然后建造出整体框架，开始织网时看上去杂乱无章，实则每一步都非常合理。圆网蛛往往待在网的中心，有任何风吹草动，通过网丝就能察觉到。圆网蛛抓到猎物时并不急着吃掉，而是先小心侦查情况，再进一步捆绑下手，非常小心谨慎。全文语言平实质朴，细节描写非常到位，让读者对圆网蛛有了相当清晰的认识。

❧ 知识拓展 ❧

-灌 木-

灌木是没有明显主干的木本植物，植株一般比较矮小，不会超过6米，从近地面的地方就开始丛生出横生的枝干。灌木都是多年生，一般为阔叶植物，也有一些针叶植物是灌木，如刺柏。如果越冬时地面部分枯死，但根部仍然存活，第二年继续萌生新枝，则称为"半灌木"。如一些蒿类植物，也是多年生木本植物，但冬季枯死。

读《昆虫记》有感

吴浩然

　　读完这部由法国杰出昆虫学家、文学家法布尔所著的《昆虫记》，我既感受到了它作为科学百科的严谨，也感受到了它作为文学巨著的生动。然而，我感受最深的，是这本书中所体现出的作者不断探索和求实的科学精神。

　　"思维是地球上最美丽的花朵"，而探索精神是其中最灿烂的一枝。一直以来，人类用孜孜不倦的求索精神，不断探究人类未知的领域，拓展着人类对大自然、科学以及对人类自身的认识。《昆虫记》这部书正是人类对昆虫世界的一次深刻的探索，为我们构筑了一个迷人的、多姿多彩的昆虫世界。

　　《昆虫记》是一本描述昆虫的习性、产卵、捕食、劳作与死亡等方面的科普书，它以朴实的文字和幽默的叙述，为我们刻画了一个生动的昆虫的大千世界。比如，"已经慌了神儿的蝗虫，完全把'三十六计，走为上策'这一招儿忘到脑后去了"……多么可爱的小生灵！难怪鲁迅把《昆虫记》称为"讲昆虫生活"的楷模。

　　然而，这个有趣的昆虫世界不是作家创造出来的世界，它反映的是昆虫世界最基本的事实。它饱含了法布尔几十年如一日的、几乎与世隔绝的寂寞与艰辛，更蕴藏了法布尔不断探索真理的严谨的科学精神。

　　他的这种精神给了我很大的启发：在今后的生活和学习中，我们不论做任何事情，都要学习法布尔严谨的科学精神，不断地探索真理，并且做到坚持不懈，为了实现自己的理想而不断努力奋斗！

考·题·直·击

一、选择题

1.（　　　）有一种天生的本领——将蜗牛身上固体的肉变成流质。

A. 蝉

B. 螳螂

C. 天牛

D. 萤火虫

2.（湖北省黄石市）天牛幼虫有（　　　）能力。

A. 听觉

B. 嗅觉

C. 视觉

D. 味觉

3. 如果周围有动静，意大利蟋蟀会（　　　）

A. 嘴巴发声

B. 喉咙发声

C. 腹部发声

D. 翅膀发声

二、填空题

1.《昆虫记》的作者是＿＿＿＿＿＿＿＿，文体为＿＿＿＿＿＿＿＿。

2.《昆虫记》是一部描述昆虫们＿＿＿＿＿＿、＿＿＿＿＿＿、狩猎、婚嫁与＿＿＿＿＿＿＿＿＿的科普书。

3.《昆虫记》不仅是一部研究＿＿＿＿＿＿＿的科学巨著，同时也是一部讴歌＿＿＿＿＿＿＿的宏伟诗篇，＿＿＿＿＿＿也由此获得了"＿＿＿＿＿＿"等桂冠。达尔文称其为"＿＿＿＿＿＿"。

4.《昆虫记》行文生动活泼，语调轻松诙谐，充满了盎然的情趣，除了真实地记录了_____，还_____。

三、判断题

1. 在朗格多克蝎的家庭中，只要小蝎子从卵中孵化出来，母蝎便从此再也不履行母亲职责。（　　　）

2. 法布尔通过实验发现了象征因循守旧、墨守成规的所谓"毛毛虫效应"。（　　　）

3. 花金龟的成虫和幼虫一样都喜欢吃糖浆。（　　　）

4. "米诺多蒂菲"是法国南部一种天牛的名字。（　　　）

参考答案

一、选择题

1. D　　2. D　　3. C

　二、填空题

1. 法布尔　科学小品

2. 生育　劳作　死亡

3. 昆虫　生命　法布尔　昆虫界的荷马　难以效法的观察家

4. 昆虫的生活　透过昆虫世界折射出社会人生

三、判断题

1. ×　　2. √　　3 ×　　4. ×